Annerose Nagel Der Pudel

Annerose Nagel

Der Pudel

Verlagsgesellschaft Rudolf Müller
Köln-Braunsfeld

Die Kapitel »Hundekrankheiten«
und »Ernährung« wurden von
Dr. med. vet. Peter Brehm verfaßt.

CIP-Kurztitelaufnahme der Deutschen Bibliothek

Nagel, Annerose
Der Pudel
[die Kap. Hundekrankheiten und Ernährung wurden von Peter Brehm verf.]
8.—19. Tausend 1980
Köln-Braunsfeld · R. Müller, 1980
(dein hund)

ISBN 3-481-26102-0

1.— 7. Tausend 1975
8.—19. Tausend 1980

ISBN 3-481-26102-0

Verlagsredaktion: Ingeborg Roggenbuck
Umschlaggestaltung: Hans-Dieter Kluth, Erftstadt
Gesamtherstellung: Druckhaus Rudolf Müller, Köln
Printed in Germany

Inhalt

Der Pudel — Seine Rassegeschichte

Es gibt viele Legenden und Vermutungen, geschichtlich das Entstehen der Pudelrasse aufzuspüren und seine Ahnen zu finden. Dabei sind drei Merkmale wichtig und für den Pudel charakteristisch: sein unverwechselbares Wesen, das üppige, lockige Haar und seine Vorliebe für das Wasser.
Doch nun zu dem Versuch, seine Vergangenheit ein wenig zu erhellen. Seine Ahnen sind frühestens im ausgehenden Mittelalter zu finden.
Im Gegensatz zur Antike, wo es keine auch am Kopf behaarten Hunde gab, sehen wir auf Werken italienischer, französischer und deutscher Maler kleinwüchsige, gelockte, langhaarige Hündchen mit Bärten und buschigen Augenbrauen. Einigen von ihnen ist die hintere Körperhälfte, bis auf ein Haarbüschel am Schwanzende und gelegentlichen Rosetten oberhalb der Hinterfüße, geschoren. Ihre Frisur gleicht der charakteristischen Haartracht des Pudels. Doch für das Apportieren von Wasservögeln waren diese kleinen Luxusgeschöpfe bestimmt nicht geeignet. Vielleicht sind diese Löwen-, Dürer- oder Bologneserhündchen aber schon ein Stein im Ahnenmosaik unseres Pudels.

Pudel als Wahrzeichen eines Springbrunnens in Colmar (errichtet 1544, erneuert 1753).

Neben diesen kleinen Hunden gab es kräftige, ebenfalls langbehaarte Jagdgehilfen des Menschen, deren Element das Wasser war: den portugiesischen Cão de Ãgua, dessen hintere Körperhälfte ebenfalls abgeschoren war, und den irischen Waterspaniel. Auch der russische Owtcharka soll in diese Gruppe gehören. Sicher werden alle ein Teil zum Entstehen unseres Pudels beigetragen haben. Seinen Namen hat er von dem damals gebräuchlichen »budeln« oder »pudeln«, was soviel wie »im Wasser plätschern« hieß, erhalten.
Aber wenden wir uns realen historischen Überlieferungen über berühmte Pudel zu. Im Jahre 1544 ließ ein Bürger der Stadt Colmar zu Ehren seines Hundes, der ihm das Leben gerettet hatte, ein bronzenes Denkmal errichten. Es ist ein Pudel, der durch die Liebe seines Herrn zum Wahrzeichen eines Stadtbrunnens wurde. Der Bildhauer hat ihm fast menschliche Züge gegeben.
Etwa um die gleiche Zeit entsteht das naturwissenschaftliche Werk des schweizerischen Gelehrten Konrad von Gesner, die »Historie Animalum« (1551—1558). Hier wird zum ersten Mal ein Wasservögel jagender Hund erwähnt, der »Canis aquaticus aviarius«. In einer späteren Schrift beschreibt Gesner, daß diesem Apportierhund das Abnehmen der Haare auf der hinteren Körperhälfte das Schwimmen erleichtert.
1621 erscheint ein Werk des Gervase Markham über die Jagd zu Wasser und zu Lande, das eine bildliche Darstellung, wie man einen Wasserhund scheren soll, enthält. Auch auf diesem Holzschnitt sind die charakteristische Löwenmähne und der geschorene hintere Körperteil des Pudels zu sehen.

Der Pudel in Politik und Literatur

In der Mitte des 17. Jahrhunderts macht in England ein weißer Pudel namens »Boy« Geschichte. Er war ein Geschenk des damaligen Wiener Botschafters von England an Prinz Ruprecht, der der Königspartei im englischen Bürgerkrieg angehörte. Während seiner Gefangenschaft in einem verlassenen Kastell bei Linz erhielt er »Boy« zur Gesellschaft. Der Pudel wurde sein bester Freund. Nach Beendigung der Gefangenschaft kam Prinz Ruprecht nach England, wo er die königliche Reiterei befehligte (1644—45). Seine Feinde schrieben »Boy« übersinnliche Kräfte zu und die Fähigkeit, in vielen Sprachen sprechen zu können. Sie fürchteten ihn und glaubten, er sei ein Spion. Er wurde zum Helden politischer Pamphlets, genannt »The Divil Dogge Puddle« (Der Teufels-Pudel-Hund). Er starb auf dem Schlachtfeld von Marsten Moor, wohin er seinen Herrn begleitet hatte, getroffen von einer feindlichen Kugel der »Roundheads«. Mit seinem Tod erlosch der Glücksstern Prinz Ruprechts, er wurde endgültig geschlagen und floh nach Frankreich. Diese Historie wurde illustriert mit Abbildungen, die etwa 80 Jahre früher der erste bedeutende englische kynologische Literat Dr. Cajus angefertigt hatte.

Im 18. Jahrhundert erscheint bereits eine umfangreiche kynologische Literatur, reich an Abbildungen, bestimmt für die Praxis des Jägers. Flemming schreibt in seinem 1719 erschienenen Buch »Der Vollkommene Teutsche Jäger« zum ersten Mal von dem »Barbet« als Wasserhund. Das seit etwa Mitte des 17. Jahrhunderts bekannte Wort »Pudelhund« ist nunmehr vereinfacht zum »Pudel« geworden. Hier sei ein Originaltext zitiert, der 1790 gedruckt wurde: »Pudel — Canis aquaticus«. »Gehört in die Ordnung der reissenden Säugethiere, und zu dem Geschlecht der Hunde. Er hat einen starken Kopf, und lange krause Haare. Geht gern ins Wasser, und holt herbei, was man hineingeworfen hat, und ist überhaupt der getreueste unter allen Hunden.« Er ist enthalten in dem Werk: »Naturgeschichte für Jünglinge«.

Neben der Jagd gab es für den Pudel keine Aufgabe, die er nicht übernehmen und voll erfüllen konnte. So verwundert es nicht, daß sich seine Rasse in kurzer Zeit über ganz Europa verbreitet. Die napoleonischen Kriegsinvaliden verdienten sich ihren kärglichen Lebensunterhalt mit dressierten Pudeln, mit denen sie über Land zogen. Aber auch Künstler, Gelehrte, Literaten wählten den Pudel zu ihrem Begleiter: Ludwig van Beethoven komponierte um 1787 eine »Elegie auf den Tod eines Pudels«. Schopenhauer und sein schwarzer Pudel »Atma« waren unzertrennlich. Und in Goethes »Faust« wird der Pudel zur Unsterblichkeit erhoben; in seiner Gestalt erscheint Mephisto auf der Bühne.

Eine der ersten Abbildungen eines englischen Zwergpudels, etwa 1880.

Das 19. Jahrhundert ist das Jahrhundert, in dem das Interesse am rassereinen Hund entsteht. Es gibt eine fast schon modern zu nennende Literatur, hundesportliche Ereignisse wie Ausstellungen, und es gibt die ersten Klubzusammenschlüsse. 1827 erscheint die Abbildung eines Pudels (auf einer Tafel in Gemeinschaft mit anderen beliebten Hunderassen) in der »Naturgeschichte und Abbildungen der Säugethiere«.
Der Text lautet:
»Taf. 40 f. Pudel. Canis aquaticus, Linn. Grand barbet
Der Kopf dick und rundlich; die Schedelhöhle grösser als bei den anderen Varietäten; die Stirnhöhlen sehr gross und entwickelt; die Ohren breit und hängend; die Füsse kurz; der Körper kurz und dick; das Haar am ganzen Körper lang; dick und kraus. Die Farbe schwarz, oder weiss und schwarz; gefleckt oder ganz weiss, zuweilen rothbraun.
Untervarietäten sind:
Der kleine Pudel. Canis minor, Linn. Er gleicht dem Vorigen in Hinsicht der Gestalt und der Beschaffenheit des Haares; die Schnautze ist verhältnismässig weniger dick; das Haar auf dem Kopf, an den Ohren und dem Schwanzende weicher, fast wie beim spanischen Hund. Er soll vom grossen Pudel und dem kleinen spanischen Hund herstammen. Der Griffon. Gestalt des Pudels; die Ohren etwas rückwärts gebogen; die Haare lang aber nicht kraus, und hängen in langen, geraden Locken herunter; die Farbe ist meist schwarz, über den Augen und an den Füssen rothfalb; die Schnautze langhaarig; Körpergrösse mittelmässig oder klein. Er scheint vom Pudel und Hirtenhund abzustammen. Unter allen Hunden ist der Pudel der verständigste, kann am besten zu allen Künsten abgerichtet werden. Keiner ist mehr seinem Herrn zugethan. Der Pudel liebt das Wasser und schwimmt vortrefflich; man richtet ihn daher zur Jagd auf Wasservögel mit Nutzen ab.«
Die vollendetste Liebeserklärung an den Pudel hat der schweizerische Gelehrte, Prediger und Schulmann Peter Scheitlin in seinem geistvollen, im Jahre 1840 veröffentlichten Werk »Versuch einer vollständigen Tierseelenkunde« geschrieben. Er schreibt darin unter anderem: »Der vollkommenste Hund ist der Pudel und was Gescheidtes und Braves am Hunde gerühmt wird, bezieht sich vereint auf ihn. Er hat Eigenheiten, Sonderbarkeiten, Originalitäten und Genialitäten. An ihm ist alles Psyche. Der Pudel ist von Natur gut. Jeder schlechte ist durch Menschen schlecht gemacht worden.«
In der zweiten Hälfte des 19. Jahrhunderts geht das Interesse am Pudel sehr zurück. Zwar ist seine Rasse nicht vom Aussterben bedroht, doch wird er von den inzwischen intensiv gezüchteten kurzhaarigen englischen Jagdhundrassen verdrängt, deren Pflege für den Jäger viel einfacher ist als die der Locken des Pudels.

Trotz des Rückgangs seiner Zucht blieb er bei jedermann populär: Durch

Spielzeugmacher, Porzellanmanufakturen, lithographische Anstalten, Maler, Holzschnitzer und so weiter wurde an ihn erinnert. Aber die Anzahl der lebenden Pudel wurde immer geringer. Durch die Umsicht und Weitsichtigkeit einiger Kenner und Liebhaber des Pudels konnte 1896 in München der »Pudelklub« gegründet werden. Dieser hatte zunächst nur lokalen Charakter, aber er erweiterte sich mitglieder- und gebietsmäßig so rasch, daß dessen Bezeichnung 1902 in »Deutscher Pudel-Klub«, Sitz München, umgeändert wurde. In diesem Jahr erschien auch das erste Deutsche Pudel-Stamm-Buch. Der Stammbuchführer Ferdinand Wirth trug unter der Nr. 1 seinen schwarzen Schnürenpudel »Champion Caro W II.« ein. Am 26. Juli 1904 ließ sich der Verein in das Vereinsregister des Kgl. Amtsgerichtes München I. als juristische Person eintragen. Der Zweck des Klubs ist, so heißt es dabei, »die Ausbreitung des Pudels mit allen Kräften zu fördern und das Verständnis für seine Reinzucht und sachgemässe Pflege in immer weitere Kreise zu tragen«.

Der Pudel wird wieder beliebt

Jetzt darf nur noch mit solchen Pudeln gezüchtet werden, die von einheitlicher Farbe sind, ohne Abzeichen wie weiße Brustflecken, weiße Füße und ähnliches. Es gibt sie in den Farben Schwarz, Weiß und Braun. Braune Pudel fallen gelegentlich nach schwarzen Eltern, bei ihrer Farbe handelt es sich um ein abgeschwächtes Schwarz. Es gibt nur eine Größe, wobei allerdings auch Tiere kleinen Schlages vorkommen. Doch sind bei Gleichwertigkeit stets die größeren

»Billy«, schwarzer Großpudelrüde, etwa 1911. Besitzer war Otto C. H. Thies, Vater der Autorin.

den kleineren vorzuziehen. Um diese Zeit meinte man, daß der Zwergpudel von ganz unnützem Wert sei. Lieber solle man, nach englischem Vorbild, auf den Schauen Klassen für »kleine Pudel« unter 40 cm Schulterhöhe schaffen, die vielfach vorkommen und leicht zu züchten seien. Je nach Haarpflege unterschied man nach »Schnürenpudel« oder »Wollpudel«. Die Schnürenbildung entstand durch Zusammendrehen des abgestorbenen mit dem lebenden Haar zu gleichmäßig festen Schnüren von Strohhalmdicke. Sie konnten Pfoten- bis Bodenlänge erreichen. Um eine perfekte Schnürenbildung zu erzielen, braucht man mindestens zwei Jahre. Die Frisur des Wollpudels entstand durch Stutzen der Zotteln und anschließendes Auskämmen des Haares. Für den Hausgebrauch war es praktisch, den Pudel ganz abzuscheren. Dabei behielt er die volle Behaarung am Kopf, an den Ohren, der Rute sowie den Manschetten.

Durch die Klubgründung wurden der Pudelrasse immer neue Liebhaber zugeführt, und sie konnte ihren Platz mühelos unter den anderen Hunderassen behaupten. Gegen Ende der 20er Jahre erlebte der Pudel in Deutschland eine Periode besonders hoher züchterischer Qualität. Im Ausland wurden zur Blutauffrischung markante, erbstarke Tiere erworben. Sie prägten den Idealtyp des Großpudels in England, USA und Kanada, um hier nur die wichtigsten Länder zu nennen. Diese Pudel waren im Aussehen so vollendet und im Wesen so nobel, daß sie noch heute das anzustrebende Zuchtziel darstellen.

In den 20er Jahren begann der »kleine Pudel« seinen Siegeszug anzutreten, der noch heute anhält. Die Zucht wurde planvoll aufgebaut und erreichte einen hohen Stand. Hemmend wirkte sich allerdings die altmodische Schur aus. Es lag also nahe, daß der gewandelte Zeitgeschmack auch dem Pudel zu einem neuen »Kleid« verhelfen würde. Der neue Anzug hieß »Karakul-Schnitt«. Eine zweckmäßige, sportliche Frisur mit kurzgeschnittenem Rückenhaar und stark belassenem Beinhaar. Sie wurde jedoch als »nicht deutsch« vom Nationalsozialismus verboten! Erst nach dem 2. Weltkrieg war der Weg frei für einen modern geschorenen Pudel. Nachdem die Voraussetzungen für eine planmäßige Zucht in der Bundesrepublik gegeben waren, wurde der Pudel zu einer der beliebtesten Hunderassen unter den Begleit- und Familienhunden.

Der 2. Weltkrieg und die Nachkriegszeit hatten den Bestand an Zuchthunden sehr dezimiert. So wurden aus dem Ausland — in der Hauptsache aus England — ständig Zuchttiere importiert, die zu einer Hochzucht des Klein- und Zwergpudels in Deutschland beigetragen haben und die noch immer anhält. Durch die Wohnungsenge wurden beim Züchter und Käufer der Klein- und Zwergpudel bevorzugt. Der Großpudel war fast vergessen. Inzwischen ist auch er wieder in größerer Anzahl in den Schauringen anzutreffen: Der große Hund ist wieder »in«.

Wie bei den kleinen Varietäten geht es auch bei der Weiterzucht des Großpudels nicht ohne Importe aus England, USA und Kanada. Die Zuchtbasis der Großen

nach dem Kriege war klein, und man vermehrte alles, was da war, ohne daran zu denken, daß solch ein Vorgehen sich eines Tages rächen würde. Diese Fehler sind nicht rückgängig zu machen.
Voller Dankbarkeit führen daher die Kenner des Großpudels Abkömmlinge nach Deutschland zurück, deren Vorfahren aus deutscher Hochzucht stammten und von den Züchterfreunden im kriegsverschonten Ausland rassegetreu weitergezüchtet worden sind. Auf den Straßen aber begegnet man fast nur dem Zwergpudel. Er ist ein so praktischer kleiner Hund, sehr hübsch anzusehen und hat einen reizenden, fröhlichen Charakter. Das Füllhorn des Charmes hat die Natur ohne Unterschied der Größe über »alle« Pudel verstreut! Auch der Kleinpudel wird viel gezüchtet. Er ist ein robuster Hund von handlichem Format und ebenfalls in der Großstadt problemlos zu halten. Wie bei kaum einer anderen Hunderasse hat der Pudelfreund bei der Auswahl mehr Möglichkeiten. Je nach Geschmack und Wohnverhältnissen kann er wählen zwischen drei Größen und fünf verschiedenen Farben: Schwarz, Weiß, Braun, Silber, Apricot. Doch ohne Unterschied der Größe oder Farbe bleibt er immer ein liebenswerter, heiterer, dem Menschen zugewandter Pudel.

Allgemeine Eigenschaften

Sicher ist, daß er abstammungsmäßig ein europäischer Hund und seinem Gebäude nach ein Jagdhund ist. In ihm vereinigen sich alle liebenswürdigen Charaktereigenschaften eines stets fröhlichen Individualisten, ausgestattet mit einer erstaunlichen Merkfähigkeit. Er ist robust, ausdauernd, geduldig und langmütig. Seine Liebe gilt den Menschen. Zum Schutzhund ist er nicht geeignet, aber als Retriever und Apportierer genial veranlagt. Seiner vortrefflich arbeitenden Nase und den klugen Augen entgeht nichts. Die Wünsche seines Herrn erfüllt er gern und voller Freude, denn er ist gutmütig, weil er selbstsicher ist. Immer ist er sich seiner Schönheit und Wirkung bewußt. Welche Art von Frisur sein Meister ihm auch geben wird, er trägt jede mit Würde. Mit anderen Hunden ist er freundlich, oft auch gleichgültig, so daß es heißt, er sei ein Snob. Oder es wird gesagt, der Pudel sei fremden Menschen gegenüber ängstlich. Beides ist er nicht. Nur zurückhaltend, wenn ihm gerade danach ist, oder uninteressiert an einem Artgenossen, weil er zu der Zeit etwas anderes vorhat. Aber er ist auch zu innigen Hundefreundschaften fähig.
Er ist ein Künstler im Nachahmen und Erfinden von Kunststücken. Er nimmt Angewohnheiten an, die er nie wieder aufgibt. Einen Pudel zu besitzen bedeutet: einen vierbeinigen Allrounder zum Freund zu haben. Er kann alles, ohne zu übertreiben. Nie wird er müde, dem Menschen seinen Einfallsreichtum, Frohsinn und Anhänglichkeit jeden Tag erneut zu beweisen. Bewundert wird die Schönheit seiner Erscheinung: die Eleganz und vollendete Anmut der Bewegungen.

Zum Standard

Der erste Standard des Pudels auf dem europäischen Kontinent wurde um die Jahrhundertwende von den Begründern des Deutschen Pudel-Klub e. V., Sitz München, festgelegt. Er trug die Bezeichnung »Für den deutschen Pudel aufgestellte Rassekennzeichen«. Diese galten für den »gewöhnlichen« Pudel, einen Hund etwa zwischen 50 und 60 cm Schulterhöhe. Der Zwergpudel gehörte nicht dazu. Er wurde innerhalb des Schoßhund-Klubs e. V., Sitz Berlin, gezüchtet, der, ebenfalls etwa um die Jahrhundertwende, einen Standard, nämlich eine getreue Verkleinerung des gewöhnlichen Pudels auf eine Höhe von 28 bis 30 cm, aufgestellt hatte.

Es war dies eine Zeit, in der allgemein das Interesse an einer Reinzucht der vorhandenen Hunderassen wuchs und Zusammenschlüsse von Liebhabern einer oder mehrerer Rassen zu der Gründung von Hundeklubs verschiedenster Art führten. Bald entstand auch der Wunsch nach einer Dachorganisation, die übernational die Rassehundezucht fördernden Länder miteinander verbinden und das gültige Zucht- und Ausstellungsreglement überwachen sollte. In den Jahren 1912 bis 1914 wurden Gründungsverhandlungen für die Konstituierung der »Fédération Cynologique Internationale« (F.C.I.) geführt, die im April 1914 erfolgte.

Während der Gründungszeit wurden zunächst einmal alle bekannten Hunderassen katalogisiert und jeweils in etwa dem Ursprungsland zugeordnet. Zu dieser Zeit wurde der Pudel unter den französischen nationalen Rassen aufgeführt, weil die Verhandlungsteilnehmer die Auffassung vertraten, er sei ein direkter Nachfahre des »Barbet«. Bereits bei der Gründung der F.C.I. wurde Frankreich zum Mitgliedsland. Die deutschen Rassehunde-Zuchtklubs waren derzeit durch das 1909 gegründete »Kartell der stammbuchführenden Spezialklubs für Jagd- und Nutzhunde« vertreten, und die Vorstandsschaft dieses Kartells hatte beschlossen, noch im Gründungsjahr der F.C.I. dieser als Mitglied beizutreten. Der Ausbruch des 1. Weltkrieges verhinderte jedoch diese Absicht. Erst im Jahr 1934 wurde Deutschland Vollmitglied der F.C.I., mußte jedoch, dem damaligen Regierungssystem folgend, aus Devisengründen 1941 wieder austreten.

Internationale Standardvorschrift

Mlle. Madeleine Jeancourt-Galignani, langjährige Präsidentin des Französischen Pudelklubs, förderte das Interesse für den Pudel.

Vier Silber-Zwergpudel aus dem Zwinger »Silver-Star«.

Ermutigt durch den Klubvorstand des C.A.C.S. (Club des Amateurs de Caniche de Strasbourg), bereitete sie 1932 die Vorlage eines »Standards für die Anerkennung durch die F.C.I.-Vollversammlung« vor. Unter Benutzung der in anderen Ländern bereits bestehenden Standardvorschriften — neu ist das Vermessen des Pudel-Skeletts, dargestellt in mehreren Graphiken — formulierte sie den »Standard des Pudels«, der im Jahre 1936 ohne Einwände von den F.C.I.-Mitgliedsländern angenommen wurde.
Mittlerweile sind verschiedene Änderungen und Zusätze vorgenommen worden, die jeweils durch Mehrheitsbeschluß in den F.C.I.-Hauptversammlungen angenommen worden sind. Um die wichtigsten zu nennen: 1960 Aufnahme der modernen Schur, ab 1. 1. 1966 Anerkennung des Silberpudels, und ab 1. 1. 1977 die des Apricotpudels.
Hinsichtlich des Großpudels aber hat es viel Hin und Her gegeben. 1936 war im Standard eine obere Größenordnung des Großpudels bei 60 cm festgelegt, denn, so hieß es, es gibt Exemplare dieser Größe. Dies war durchaus richtig. Sieben Jahre nach Ende des 2. Weltkrieges hatte auch der Hundesport stark zugenommen, und der Pudel war zum Statussymbol der damaligen Zeit geworden. Es veranlaßte die Präsidentin des Französischen Pudel-Klubs, Mlle. Jeancourt-Galignani, ihre Vorstellung, der Pudel sei von Haus aus ein Hund von kleiner Größe gewesen, in die F.C.I. einzubringen. Dies war nicht besonders schwer,

denn wegen der allgemein beengten Wohnverhältnisse im kriegszerstörten Europa waren kleine und kleinste Pudel gefragt, weil für die großen Pudel einfach der Platz nicht ausreichte. So wurde unter Zustimmung der F.C.I.-Mitgliedsländer die Maximalgröße des Großpudels ab 1.1.1952 auf 55 cm herabgesetzt. Ab 1.1.1977 ist die gültige obere Grenze des Großpudels zwar auf 58 cm heraufgesetzt, durch zähes Ringen einiger Mitgliedsländer der F.C.I. wird er nun zu einer Art Abfallprodukt des Kleinpudels degradiert, denn im F.C.I.-Standard heißt es jetzt »...der Großpudel ist aus dem Kleinpudel zu entwickeln«.

Hier liegt eine historische Fehlinterpretation vor und eine postume Ehrung von Mlle. Jeancourt-Galignani, die dies ganz sicher nicht gutgeheißen hätte. Der Pudel, das wußte diese ausgezeichnete Kynologin sehr wohl, variierte ursprünglich zwischen einer Schulterhöhe von 50 bis 60 cm, ohne daß dadurch seine Qualität beeinträchtigt wurde, und ließ sich ohne Schwierigkeiten durch einen erfahrenen Züchter zum Kleinpudel verkleinern — nicht aber umgekehrt!

An dieser Stelle sei vermerkt, daß die beiden Länder, die wegen ihrer hervorragenden Züchter und Zuchterfolge in der ganzen Welt berühmt sind, nämlich England und die USA, nicht den F.C.I.-Standardvorschriften in der Pudelzucht gefolgt sind. Ihre Zucht basiert auf dem Import edelster europäischer Pudel aus der Zeit um die Jahrhundertwende und den 20er Jahren — golden auch für die deutsche Pudelzucht —, die größengerecht weitergezüchtet wurden und daher das blieben, was sie waren. Nachdenklich stimmt uns die Tatsache, daß die Großpudelzucht in der Bundesrepublik Deutschland nur mit Hilfe der Rückführung deutschen Großpudelblutes durch Tiere aus England oder USA einen Höchststand erzielen kann. Noch verwunderter ist der Pudelfreund aber, wenn er

Innige Freundschaft. Fünf Monate alte, weiße Großpudelhündinnen, amerikanischer Typ, »Rodin's Yankee Girl« und »Rodin's Twinny«.

Zwei gegen einen — »Barbone von Masuren« ist es ein wenig unheimlich.

in den Schauringen sehr große, echte Großpudel von französischen Besitzern vorgeführt sieht, die ebenfalls aus Nicht-F.C.I.-Ländern importiert worden sind. Der Zwergpudel wurde von den Pudelklubs der einzelnen Länder erst sehr spät als eine zur Pudelrasse gehörende Varietät anerkannt. Zum ersten Male in der Geschichte des Deutschen Pudel-Klub e. V. werden in dem im Januar 1912 erschienenen Band III des DPStB (Deutsches Pudel-Stammbuch) zwei Zwergpudelzwinger aufgeführt, »Liliput« und »Perkeo«. In den USA werden die »Toypudel« erst 1943 als Pudel-Spielart genannt und in England 1957. In der Erbmasse des ursprünglichen Pudels, wie er bei der Gründung des Deutschen Pudel-Klubs im Jahre 1896 war, gab es keine derartige Kleinwüchsigkeit, um Zwergpudel von 28 bis 30 cm Schulterhöhe zu züchten. Nur unter Einkreuzung von Zwerghunden anderer Rassen — wie zum Beispiel dem Malteser — konnte man einen so kleinen Hund züchten, der aussah wie ein Pudel, ohne indes ein solcher echter zu sein. Noch heute ist die Zwergpudelzucht eine schwere Aufgabe für den Züchter, und er muß seine Zuchttiere mit großer Sachkenntnis auswählen, um Erfolg zu haben und die Einflüsse durch Fremdrassen zu verdrängen.

Beim Kleinpudel besteht die größte Zuchtbasis. Seine Beliebtheit stieg kometenhaft an durch die Bemühungen der deutschen Züchterin Flora Kalender, deren Zwinger »Sirius« (der »Hundsstern«) planvoll gezüchtete Kleinpudel schon in den 20er Jahren hervorbrachte. Sie verstarb 93jährig Anfang der 60er Jahre und hinterließ dem Deutschen Pudel-Klub eine züchterische Arbeit von 50 Jahren.

Der Standard des Pudels — Französische Rasse

I Allgemeinerscheinung und Veranlagung

Kennzeichnende Rassemerkmale. Der Pudel gehört zu den Nutzhunden. Er ist von harmonischem Typ und mittlerer Größe mit charakteristisch frisiertem, gelocktem oder zu Schnüren gedrehtem Fell. Er ist intelligent, stets munter und lebhaft, harmonisch gebaut und macht einen eleganten, stolzen Eindruck. Der Pudel hat eine tänzelnde, leichte Gangart, sie darf niemals fließend oder gestreckt sein. Er ist wegen seiner Treue geschätzt, lernfähig und gelehrig, was ihn zu einem besonders angenehmen Begleithund macht.

II Kopf

Edel, gradlinig, zum Körper proportioniert. Seine Länge muß etwas mehr als $^2/_5$ der Widerristhöhe betragen. *Er darf nicht schwer und auch nicht übertrieben fein sein. Die Ziselierung des Schädels muß unter der Haut sichtbar sein.*

Nase (Nasenspiegel). Betont und gut entwickelt mit senkrechter Profillinie; offene Nasenlöcher. Schwarzer Nasenspiegel bei schwarzen, weißen und silbernen Pudeln, braun bei braunen, *bei den apricotfarbenen Pudeln braun in allen dunklen Nuancen, bis zum Schwarz gehend, wobei letztere Farbe nicht bevorzugt wird, aber gestattet ist, um einen möglichen Pigmentverlust zu vermeiden.*

Fang. Oberes Profil gradlinig. Seine Länge soll etwas mehr als $^9/_{10}$ des Schädeldaches betragen. Die beiden Unterkieferleisten verlaufen fast parallel. Der Fang erscheint kräftig und edel, aber nicht spitz. *Die Unterlinie des Fangs wird durch den Unterkieferknochen bestimmt und nicht durch den unteren Rand der oberen Lefze.*

Lefzen. Wenig entwickelt, eher trocken, von mittlerer Dicke; die obere Lefze liegt auf der unteren auf, ohne überzuhängen. Sie sind schwarz bei schwarzen, weißen und silbernen Pudeln, pigmentiert bei den braunen, *bei den apricotfarbenen Pudeln braun in allen dunklen Nuancen, bis zum Schwarz gehend, wobei letztere Farbe nicht bevorzugt wird, aber erlaubt ist.*

Kiefer. Normal aufeinander passend, Zähne kräftig.

Backen. Wenig vorstehend, an den Knochen anliegend. *Die unteren Augenbögen gemeißelt und nur schwach ausgefüllt. Die Kaumuskulatur, anatomische Basis der Backen, nur wenig entwickelt, die Jochbeinbögen sehr wenig vorspringend.*
Stop. Sehr wenig markiert, wie der eines mittellinigen Hundes.
Hirnschale. Gut geformt. Ihre Länge beträgt weniger als die Hälfte der Kopflänge (die Seitenlinie bildet mit der Längsachse einen Winkel von 16 bis 19°). *Der gesamte Schädel, von oben gesehen, erscheint in seiner Längsrichtung oval und im seitlichen Profil leicht gewölbt. Seine Längsachsen gehen leicht auseinander.*
Stirnbeinbögen. Mäßig betont, mit langen Haaren bedeckt.
Stirnfurche. Breit zwischen den Augen, schmaler und abflachend zum Hinterhauptstachel hin, der sehr betont ist (er darf bei den Zwergen weniger betont sein).
Augen. Von feurigem Ausdruck, in der Höhe des Stirnabsatzes eingesetzt, leicht schräg gestellt und mandelförmig. Schwarz oder tiefdunkelbraun bei schwarzen, weißen, silbernen und apricotfarbenen Pudeln, die Augen der braunen Pudel können dunkelbernsteinfarbig sein.
Behang. Ziemlich lang, an den Backen herunterhängend. Angesetzt auf der Verlängerung einer Linie, die, beginnend an der oberen Nasenkuppe, zum äußeren Augenwinkel verläuft. Sie sind flach, verbreitern sich kurz nach dem Ansatz und sind nach unten hin abgerundet. Sie sind von langem, welligem Haar bedeckt. *Ein Pudel, dessen Behang nicht bis zum Mundwinkel reicht, kann keine Bewertung mit »Vorzüglich« erhalten.*
Hals. Fest, Nackenlinie leicht gebogen, von mittlerer Länge, gut proportioniert. Der Kopf wird hoch und stolz getragen. Keine Wamme. *Hals von ovalem Durchschnitt. Seine Länge ist geringer als die des Kopfes.*

III Vordere Gliedmaßen

Schultern und Oberarm. Mäßig entwickelter Widerrist. Schulter schräg, muskulös. Das Schulterblatt bildet mit dem *Oberarmknochen* einen Winkel von 90 bis 110°. Die Länge des *Oberarmknochens* entspricht der des Schulterblattes.
Unterarm. Vorderbeine vollkommen gerade und parallel gestellt, fein, gut bemuskelt, mit festen Knochen. Die Höhe vom Ellenbogen bis zum Boden beträgt $^{5}/_{9}$ der Höhe des Widerristes zum Boden.
Vorderfußwurzel. Verlängert die Vorderlinie des Unterarmes.
Vordermittelfuß. Fest, aber nicht massig, von der Seite gesehen fast gerade.
Pfoten. Eher klein, geschlossen, ein kurzes Oval bildend. Die Zehen sind gut gewölbt, sehnig, kompakt, mit Schwimmhaut versehen und stehen fest auf harten und dicken Ballen. Die Nägel sind schwarz bei den schwarzen und silbernen Pudeln, schwarz oder braun bei den braunen Pudeln. Bei den weißen Pudeln können die Nägel pigmentiert sein, *in jeder Nuance der Hornfarbe bis hin zum*

Schwarz und sollen der Gesamtpigmentierung entsprechen. Weiße Nägel sind fehlerhaft. Bei den apricotfarbenen Pudeln sollen sie braun in allen dunklen Nuancen bis zum Schwarz gehend sein, wobei die letztere Farbe nicht vorgezogen, aber anerkannt wird.

IV Rumpf

Die Gesamterscheinung des Pudelkörpers ist von guten Proportionen, die Rumpflänge überschreitet im allgemeinen die Widerristhöhe.

Vorbrust. Normal, diejenige eines mittellinigen Hundes. Die Spitze des Sternums soll leicht vorspringen und ziemlich hoch sitzen, was eine höhere, leichtere und edlere Kopfhaltung bewirkt.
Brustkorb. Unten, in Höhe des Ellenbogens, beträgt die Breite genau $^2/_3$ seiner Höhe (von der Wirbelsäule zum Brustbein). *Der Brustumfang, hinter den Schultern gemessen, muß mindestens 10 cm größer sein als die Höhe des Widerristes.*
Rippen. Rippenschiff oval, in der Rückenpartie breit.
Rücken. Von harmonischer Linie, kurz. *Er darf weder gewölbt noch eingesattelt sein. Die Höhe vom Boden zum Widerrist ist fast die gleiche wie die Höhe vom Boden zur Kruppe.*
Lenden (Nierenpartie). Fest und bemuskelt.
Bauch und Flanken. Aufgezogen, ohne windhundartig zu sein.
Kruppe. Abgerundet, aber nicht abfallend.
Rute. Ziemlich hoch angesetzt, in Höhe der Nierenlinie. Sie sollte um ein Drittel oder auf die Hälfte der natürlichen Länge gekürzt werden beim Wollpudel. Trotzdem ist eine lange, gut getragene Rute kein Fehler. Sie kann beim Schnürenpudel in der natürlichen Länge belassen werden. In der Bewegung wird die Rute schräg nach oben getragen.

V Hintere Gliedmaßen

Schenkel. Gut bemuskelt und kräftig.
Läufe. Hinterläufe parallel gestellt. Von hinten gesehen gut entwickelte Muskulatur, gut sichtbar. Die Einbiegungen beim Knie sind ausgeprägt. *Die Winkel Hüfte/Schenkel, Schienbein/Schenkel und Schienbein/Sprunggelenk müssen sehr ausgeprägt sein, damit eine unerwünschte, abfallende Kruppe nicht entstehen kann.*
Sprunggelenk und Hintermittelfuß. Senkrecht. *Dem Pudel dürfen keine Wolfskrallen angeboren sein.*
Pfoten. Siehe Vorderpfoten.

VI Haarkleid

Farbe. Beim Woll- und Schnürenpudel: Schwarz, Weiß, Braun, Silber und Apricot.

A *Die Farbe der braunen muß eindeutig braun sein, recht dunkel, einheitlich und warm. Die verschiedenen Farbabstufungen der braunen Farbe dürfen nicht ins Beige oder dessen hellere Nuancen hineingehen. Sie darf aber auch nicht zu dunkel und zum Schwarz tendierend sein: also nicht schwärzlich oder bläulich wirken.*

B *Das Silber muß einheitlich sein. Die Schattierungen der Silberfarbe dürfen nie zum Schwarz und nie zum Weiß tendieren.*

C *Das Apricot muß von einheitlicher Färbung sein, ohne ins Beige oder Creme zu tendieren oder gar ins Braun oder dessen Schattierungen.*

Standard-Schuren

Löwenschur (Alte Schur). Der Pudel, ob Woll- oder Schnürenpudel, wird auf der Hinterhand bis zu den Rippen geschoren. Es werden ferner ausgeschoren: der Fang, und zwar die untere und obere Partie, beginnend bei der unteren Lidspalte; die Backen; die vorderen und hinteren Läufe — mit Ausnahme von Manschetten oder Ringen und fakultativen Motiven auf der Hinterhand; die Rute, unter Belassung eines Pompons am Rutenende in runder oder ovaler Form. Das Tragen

Ein Pudel in Neuer oder Mode-Schur

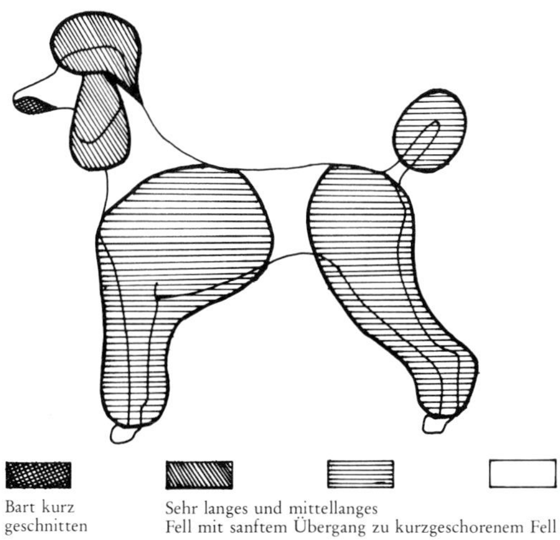

Ein Pudel in Alter oder Löwen-Schur

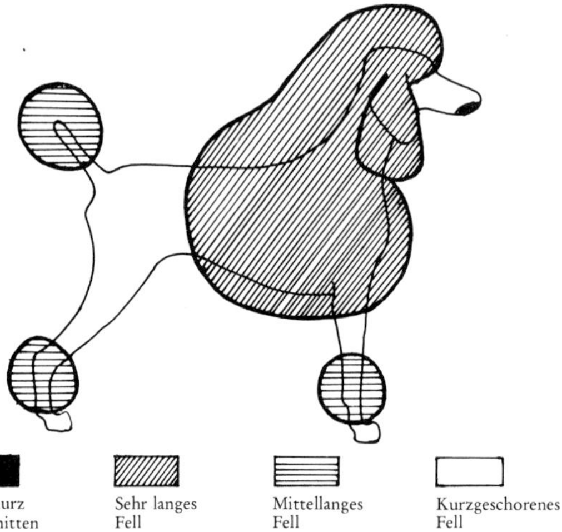

Ein Pudel in englischer Schur

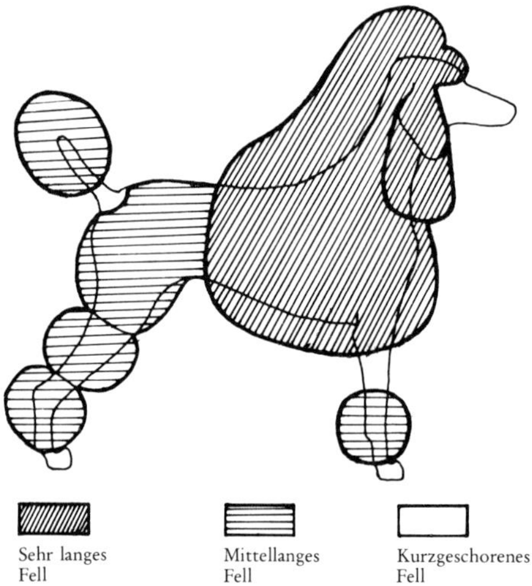

Ein Pudel in Welpen-Schur

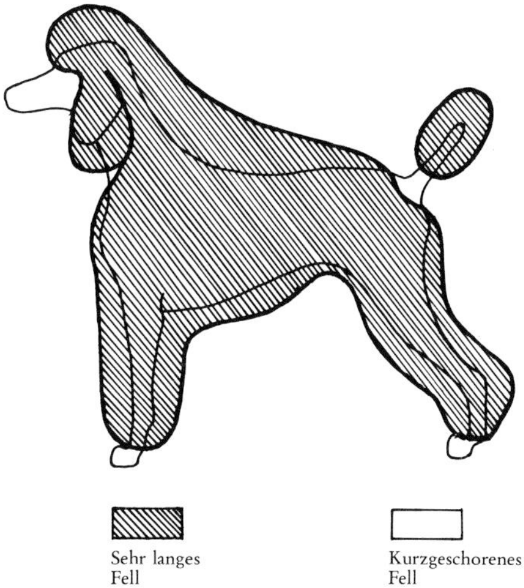

Ein vollständig abgeschorener Pudel

eines Schnurrbartes ist für alle Tiere vorgeschrieben. Das Belassen der Behaarung auf den Vorderläufen, sogenannte Hosen, ist gestattet.

Zweite, auf Ausstellungen zugelassene Schurart (Moderne Schur). Die Schurart, bei der die Wolle an allen vier Gliedmaßen belassen wird, ist unter der Voraussetzung der Einhaltung folgender Richtlinien erlaubt:

I Es werden ausgeschoren: **a** der untere Teil der vorderen Gliedmaßen, und zwar von den Krallen bis zur Höhe der ersten Zehe, sowie der untere Teil der hinteren Gliedmaßen bis auf die gleiche Höhe wie vorne. Es ist erlaubt, nur die Zehen mit der Schermaschine auszuscheren. **b** Der Kopf und die Rute gemäß den Vorschriften der »Löwenschur«.

Bei dieser Schur wird ausnahmsweise ein höchstens 1 cm langer Kinnbart am Unterkiefer, der parallel mit der unteren Fanglinie verlaufen muß, gestattet (der sogenannte Bocksbart wird nicht toleriert) und das Weglassen des Rutenpompons (dieses Fehlen beeinträchtigt ein wenig den Bewertungsfaktor für »Haartextur«).

II Gekürzt werden die Haare: auf dem Rücken, um ein Vlies von mindestens 1 cm Höhe zu bilden. Die Länge der Haare soll um die Rippen herum und im Übergang zu den Gliedmaßen fortschreitend zunehmen.

III Auszugleichen sind die Haare: **a** auf dem Kopf, wo eine Haube von angemessener Höhe zu belassen ist; desgleichen werden die Haare zum Widerrist hin absteigend gestutzt und vorne, ohne den Verlauf der Linie zu den ausgeschorenen Partien der Füße zu unterbrechen und eine leicht konische Linie nach unten hin ergeben.

Vom Ohrenansatz bis höchstens zu $1/3$ der Länge des Ohrleders kann das Haar mit der Schere oder der Schermaschine mit dem Strich gekürzt werden. Der untere Teil des Ohrleders muß von Haaren bedeckt bleiben, die fortschreitend länger werden und Fransen bilden. Diese können am unteren Rand in ihrer Länge ausgeglichen werden.

b An den Gliedmaßen in Form von Hosen, die einen ansprechenden Übergang zu den ausgeschorenen Pfoten hin bilden. Die Länge des gestutzten Haares nimmt nach oben hin zu, bis zu einer Länge von 5 bis 7 cm an den Schultern und Schenkeln, je nach Größe des Tieres. Ein plumpes Aussehen ist zu vermeiden. Die »Hosen« der Hinterhand müssen durch den entsprechenden Schnitt die Winkelung gut erkennen lassen.

Jede Art von Phantasie-Schur führt zur Disqualifikation. Die Schur gemäß dem Standard, gleich welcher Art, beeinflußt in keiner Weise eine Beurteilung auf Ausstellungen, und alle Hunde einer Klasse sind zusammen zu richten. Bei gleicher Qualität ist stets der Hund in »Löwenschur« vorzuziehen. Einige Abweichungen in den Details können toleriert werden.

Haar. Wollpudel: Üppiges Haar von feiner Textur, wollig, gut gekräuselt, elastisch und dem Druck der Hand gut widerstehend. Es muß dick und üppig

»Aristokrat vom Walddorf« in Welpen-Schur (Puppy-Clip).

sein, von gleichmäßiger Länge, gleichmäßige Locken bildend und vollkommen ausgekämmt sein. *Hartes Haar, das sich wie Roßhaar anfühlt, ist unerwünscht und wird demjenigen nachgestellt, das die vorgeschriebene Textur hat.*

Schnürenpudel. Üppiges Haar von feiner Textur, wollig, zusammengedreht, charakteristische Schnüre von gleichmäßiger Länge bildend. Diese Schnüre müssen mindestens 20 cm lang sein. Je länger sie sind, desto mehr werden sie geschätzt. Die Schnüre von jeder Seite des Kopfes können oberhalb der Ohren mit einem Band zusammengenommen und die des Rumpfes gescheitelt werden, um einen unordentlichen Eindruck zu vermeiden.

Haut. Geschmeidig, nicht lose, pigmentiert. Die schwarzen, braunen, silbernen und apricotfarbenen Pudel müssen eine Pigmentierung in Übereinstimmung mit ihrer Fellfarbe aufweisen; bei den weißen ist Silberhäutigkeit erwünscht, *doch darf die Pigmentierung die Farbe des Haarkleides nicht entstellen.* Es gibt auch weiße Pudel, deren helle Haut gefleckt ist, und zwar nicht nur auf der Innenseite des Körpers, was häufig vorkommt, sondern auch auf den restlichen Körperpartien, was aber keinen Fehler darstellt. *Die Pigmentierung ist am intensivsten ausgebildet beim Lidrand, Nasenspiegel, Lefzen, Zahnfleisch, Gaumen, Schleimhaut, Körperöffnungen, Hodensack, Ballen. Diese Partien müssen schwarz sein bei schwarzen, weißen und silbernen Pudeln; dunkelbraun bei braunen Pudeln; bei den* *apricotfarbenen Pudeln sollen sie ebenfalls einheitlich und so dunkel wie möglich sein, und zwar in allen Braunschattierungen bis hin zum Schwarz, ohne daß diese letztere Farbe bevorzugt wird. Sie wird gestattet, um einen eventuellen Pigmentschwund zu verhindern.*

VII Größe

1. **Großpudel** *über 45 bis 58 cm. Der Großpudel soll die vergrößerte Wiedergabe des Kleinpudels sein, aus diesem entwickelt und mit den gleichen Merkmalen ausgestattet.*
2. **Kleinpudel** über 35 bis 45 cm.
3. **Zwergpudel** *über 28 bis 35 cm. Der Zwergpudel soll in seiner Gesamterscheinung den Eindruck einer verkleinerten Wiedergabe des Kleinpudels erwecken. Er soll diesem so vollkommen wie möglich entsprechen, unter Beibehaltung der gleichen Proportionen, er darf keine Anzeichen von Nanismus aufweisen.*

VIII Gang (siehe »Allgemeinerscheinung«)

IX Fehler

Anatomische und Typ-Fehler. *Zu kurzer oder spitzer Fang. Ramsnase. Zu kleiner Nasenspiegel mit zu wenig geöffneten Nasenlöchern oder zu großer Nasenspiegel. Fehlender* oder zu stark ausgebildeter *Stop. Zu große oder zu kleine Augen.* Augen, die nicht dunkel genug sind oder einen roten Schimmer haben. Zu

Korrektes und vollständiges Scherengebiß
(Bleibendes Gebiß eines erwachsenen Pudels mit Zahnwurzeln)

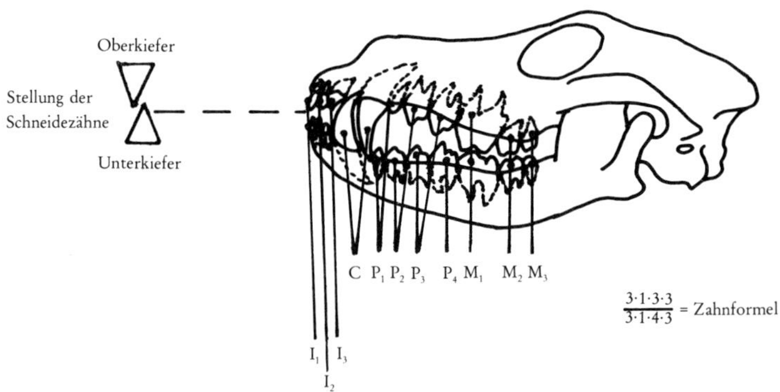

Fehlerhafte Gebißstellungen beim Pudel

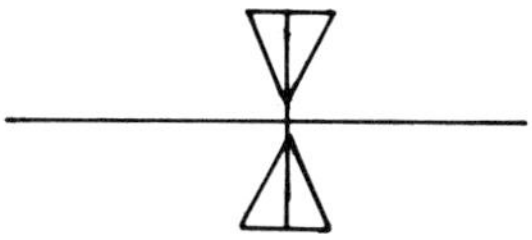
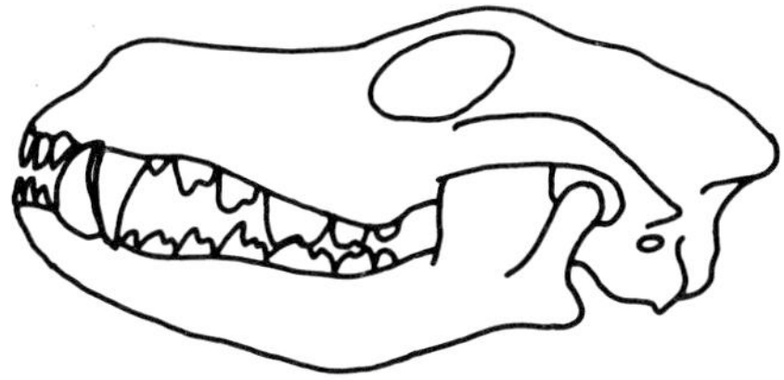

Zangengebiß

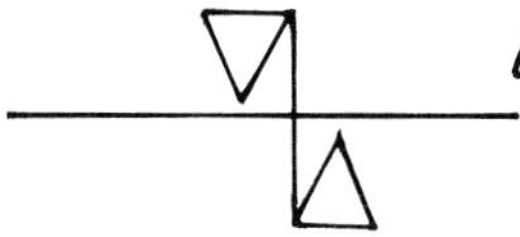
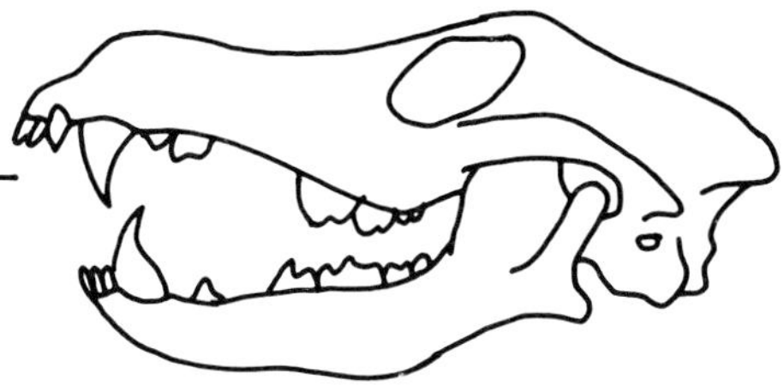

Unterbiß und
fehlende Zähne

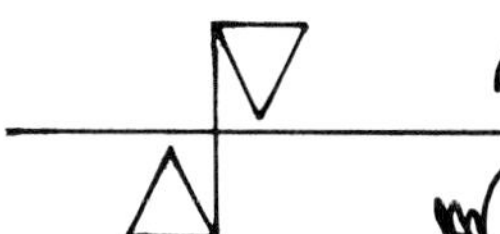

Vorbiß und
fehlende Zähne

kurze Behänge, zu schmale oder *gefaltet getragene. Zurückstehender Unterkiefer ist ein Fehler, der entsprechend dem Schweregrad der Fehlentwicklung geahndet werden muß.* Gelbe Zähne als Folge einer Staupe-Erkrankung sind kein Fehler, wenn sie korrekt stehen.
Unkorrekt stehende oder fehlende Zähne stellen einen Fehler entsprechend dem Schweregrad der Unregelmäßigkeit dar: Vorhanden sein müssen alle Schneidezähne, Fangzähne und hinteren Backenzähne (Molaren); das Fehlen von 1 Prämolar (1 P1) hat keine Ahndung zur Folge; das Fehlen von 2 Prämolaren (2 P1) ergibt die Bewertung: »vorzüglich«; das Fehlen von 3 Prämolaren (3 P1 oder 2 P1 und 1 P2) ergibt die Bewertung »sehr gut«. Abfallende Kruppe. Zu gerade gestellte Hinterbeine. Zu hoch gestellter Hund. Über den Rücken gelegte, *zu dünne oder zu tief angesetzte Rute. Fließendes oder ausgreifendes Gangwerk. Farbloser oder* gefleckter Nasenschwamm oder grindiger. Ungenügende Gesamtpigmentierung. *Fehlendes Lidrandpigment. »Brille« oder Haarlosigkeit um die Augen herum.* Helldurchsticheltes oder dünnes Fell. Unbestimmbare oder nicht einheitliche Farbe; einige weiße Haare auf der Brust werden toleriert. *Bösartige, aggressive oder nervöse Tiere. Solche Pudel, die Anzeichen von Nanismus aufweisen, können nicht mit der Wertnote »vorzüglich« bewertet werden. Die hervorstechendsten Merkmale von Nanismus sind: runder Schädel, fehlender Hinterhauptstachel, betonter Stop, vorstehende Augen. Spitzer, zu kurzer oder geschürter Fang. Fliehender Unterkiefer, fehlendes Kinn.*
Disqualifizierende Fehler. Weiße Flecke. Weiße Haare an den Pfoten. Tiere, deren Fell nicht einfarbig ist, Monorchiden, Kryptorchiden. Wolfskrallen oder Spuren davon an den Hinterläufen. *Vorbiß. Tiere, die 60 cm überschreiten oder 26 cm unterschreiten.*
Tiere, die nicht den Standardvorschriften entsprechend geschoren sind, können (solange sie derart frisiert sind) bei Ausstellungen oder offiziellen Veranstaltungen nicht bewertet werden. Von einer Zuchtverwendung sind sie jedoch nicht ausgeschlossen.
Anmerkung. Alle im Text in Kursivschrift erscheinenden Passagen stellen die Zusätze zum vorherigen Standard 172 B dar, die anläßlich der Generalversammlung der F.C.I. am 15. und 16. Juni 1976 in Innsbruck genehmigt worden sind. Es wird festgelegt, daß diese Zusätze ab 1. Januar 1977, nach Mitteilung der F.C.I. an die Mitgliedsländer, in Kraft treten.
Im Gegensatz dazu werden auf nationaler Ebene, und soweit es die Bestätigungen und Einschreibungen bezüglich der neuen Regelung hinsichtlich der Apricots wie der oberen und unteren Größenbegrenzungen betrifft, diese ab 1. Juli 1976 zur Anwendung gelangen.

Der Pudelkauf

Voraussetzungen

Nur selten wird beim Hundekauf daran gedacht, welche langdauernde Lebensgemeinschaft aus seiner Anschaffung erwächst. Im Durchschnitt begleitet uns dieser Kamerad etwa 10 bis 12 Jahre. Es kann dabei nicht ausbleiben, daß während dieser Zeit auch einmal Ereignisse eintreten — zum Beispiel eine Erkrankung des Hundes —, die für seinen Besitzer eine Belastung darstellen und mit Verzichten und nicht zuletzt auch mit Geldausgaben verbunden sind. Fühlt man sich dem gewachsen? Ist überschaubar, daß dem Hund der Platz in der Familie für die Zeit seines Lebens erhalten bleibt? Entspricht der Pudel in seinem Wesen und im Äußeren den Vorstellungen, die man sich von seinem zukünftigen Hund macht? Ist daran gedacht worden, daß das Pudelfell tägliche Pflege braucht? Und daß mindestens alle 6 Wochen der Pudelfriseur aufgesucht werden muß? Was geschieht mit dem Pudel während des Urlaubs? Kann er mitgenommen werden?

»Anneröschen«, »Barbone« und »Appelschnut von Masuren«. Vielversprechender, sieben Monate alter Nachwuchs.

Großpudel in der Farbe Silber: »Grashopper von Shangri-La«.

Oder nimmt der Züchter das Tier solange in seine Obhut? Oder tun dies Verwandte oder Freunde? Die Unterbringung in einer Hundepension bekommt keinem Hund besonders gut. Er leidet unter Heimweh.
Diese Voraussetzungen für ein Wohlergehen des Pudels müssen zunächst genau überdacht werden. In diese Überlegungen sollte auch mit einbezogen werden, ob die jährliche Hundesteuer und die Kosten für den Pudelfriseur nicht den Betrag übersteigen, den man sich dafür gesetzt hat.
Ist die Familie sich einig geworden, frohen Herzens die Verpflichtungen zu übernehmen, die mit der Anschaffung eines Pudels verbunden sind, erfolgt der nächste — vorbereitende — Schritt.

Genehmigung der Hundehaltung durch den Vermieter. Vor jedem Hundekauf sollte grundsätzlich geklärt werden, ob der Vermieter die Haltung eines Hundes gestattet. Eine schriftliche Genehmigung als Anhang zum Mietvertrag stellt den Idealfall dar, doch dieser ist selten.
Eine einmal erteilte Genehmigung zur Hundehaltung — darüber sind alle Gerichte der gleichen Auffassung — darf nicht willkürlich, das heißt ohne triftigen Grund, widerrufen werden. Ebenso können gemeinnützige Wohnungsunternehmen die Hundehaltung nicht radikal verbieten. Es muß allerdings auch hier eine Erlaubnis eingeholt werden, die jedoch nicht ohne Grund abgelehnt werden kann.

Dokumente unseres Pudels

Der Stammbaum. Unter »Stammbaum« versteht man in der Rassehundezucht den Nachweis der reinrassigen Abstammung für den Hund, auf dessen Namen er ausgestellt ist. Mit anderen Worten, der Stammbaum ist die »Geburtsurkunde«, der »Meldeschein« und der »Personalausweis« unseres Pudels. Wer den Pudel besitzt, muß auch im Besitz des Stammbaumes sein (rechtlich gesehen ist der Besitzer des Stammbaumes auch Besitzer des Hundes). Dieser enthält alle Angaben über ihn und drei Generationen seiner Vorfahren, also Eltern, Groß- und Urgroßeltern. Mit Hilfe dieser Namen und Eintragungen können die Ahnen zurückverfolgt werden bis zur Gründung des sogenannten Pudel-Stammbuches im Jahre 1902, denn seit dieser Zeit sind alle Tiere lückenlos eingetragen.
Der Stammbaum unseres Pudels ist also ein Auszug aus dem Zuchtbuch seiner Rasse, zeitlich auf drei Generationen begrenzt. Er bescheinigt Rassereinheit und Identität und ist ein Dokument, das heißt eine Urkunde, im juristischen Sinne. Wir brauchen den Stammbaum, um die Gewißheit zu haben, daß er unter der Obhut eines Züchters aufgewachsen ist, der Mitglied einer Kluborganisation im Hundewesen ist und damit einer strengen Zuchtordnung untersteht.
Und wie ist es mit dem »von« bei den Namen unserer adeligen Pudel? Seit der Rassehundezucht mit Eintragung in Zuchtbücher, also seit etwa 100 Jahren, unterscheidet man die Tiere nicht nur durch die Zuchtbuchnummern, sondern auch durch Zwinger-Beinamen. Diese Zwingernamen wählt ein Züchter meist nach seinem Wohnort oder einem geographischen Begriff und setzt ein »von« davor. Ein Züchter darf nur dann einen im Zuchtbuch eingetragenen Zwingernamen für seine Hunde führen, wenn dieser durch den Klub genehmigt ist. Ist er es, wird er für ihn geschützt und kann nicht ein zweites Mal vergeben werden. Zur leichteren Unterscheidung von Hunden mit gleichem Zwingernamen dient die Bestimmung, daß alle Hunde aus einem Wurf Vornamen mit dem gleichen Anfangsbuchstaben tragen müssen. Die nachfolgenden Würfe sind dann mit Vornamen in der Reihenfolge des Alphabets anzugeben, also 1. Wurf = A-Kinder, 2. Wurf = B-Kinder, 3. Wurf = C-Kinder und so fort.
Der Impfpaß. Das zweite wichtige Dokument für unseren Pudel ist sein Impfpaß. Dieser dient ausschließlich zur Überwachung seiner Gesunderhaltung. Ein gewissenhafter Züchter verkauft keinen ungeimpften Hund. Er händigt den Welpen seinem neuen Besitzer stets zusammen mit dem »Internationalen Impfpaß« für Hunde aus, der dreisprachig abgefaßt ist und die Eintragung der erfolgten Schutzimpfungen durch den Tierarzt enthält. Die Gesunderhaltung unseres Hundes ist aber nicht durch einmaliges Impfen im Welpenalter gewährleistet. Nur durch regelmäßige Nachimpfungen nach Vorschrift der Impfmittel-Hersteller sind Schutzimpfungen wirksam.

Was ist noch zu beachten?

Steuerliche Anmeldung. Die steuerliche Anmeldung eines Hundes muß spätestens im Alter von 3 Monaten erfolgen. Die Anmeldung nimmt die Gemeindeverwaltung entgegen. Meist hat der Züchter bei seiner Steuerbehörde bereits die Abmeldung des inzwischen verkauften Welpen vorgenommen. Dabei hat er Namen und Anschrift des Neubesitzers angegeben. Es empfiehlt sich daher, bei der Anmeldung des Pudels dessen Ahnentafel mitzunehmen. Die Hundesteuer ist eine sogenannte Gemeindesteuer. Sie wird in den einzelnen Gemeinden nach verschiedenen Gesichtspunkten festgelegt. Es werden jedoch auch Steuerbefreiung oder Steuerermäßigung gewährt, wenn die gesetzlich verlangten Voraussetzungen dafür erfüllt sind.

Haftpflichtversicherung. Es sollte kein Hundebesitzer versäumen, für seinen Hund eine Haftpflichtversicherung abzuschließen. Bei einem angriffslustigen oder gar bissigen Hund ist dies einleuchtend. Oft glaubt aber so mancher Besitzer eines wohlerzogenen Pudels, eine Haftpflichtversicherung sei nicht nötig. Doch leider hat die Praxis etwas anderes gelehrt. Beispielsweise kann ein Autounfall durch einen Hund, der plötzlich über die Fahrbahn läuft, verursacht werden. Der so entstandene Schaden ist von dem Halter des Hundes zu tragen. Ist der Hundehalter aber versichert, trägt die Versicherungsgesellschaft den Schaden bis zur Höhe des versicherten Risikos.

 Der Pudel — ein »Wasserhund«! Großpudel »Von Masuren«.

Rüde oder Hündin?

Wenn man die Absicht hat, einen Pudel zu erwerben, ist es oft schwer zu entscheiden: Was soll es sein, ein Rüde oder eine Hündin? Der Rüde, so wird gesagt, sei nicht so anhänglich wie die Hündin, die Hündin dafür durch die Laufzeit problematisch. In beiden Verallgemeinerungen ist ein Körnchen Wahrheit enthalten. Aber eben auch nur ein Körnchen!
Bei allen Haushunden ist das männliche Tier ein wenig größer, stärker und selbstbewußter als die Hündin. So soll es auch sein. Daraus hat sich die Meinung gebildet, er sei weniger anhänglich. Bei den Pudeln sind aber die Rüden genauso lieb und leicht erziehbar wie die Hündinnen. Ihre Hütehundeigenschaften und die besonders ausgeprägte Bezogenheit auf den Menschen ermöglichen dies. Wird ein Pudel allerdings sich selbst überlassen, so kann er zum Stromer, ja sogar zum Wilderer werden. Derartige Unarten sind aber nur auf das Verschulden seines Besitzers zurückzuführen, der seinen Pudel vernachlässigt hat. Im Frühjahr und im Herbst wird ein Rüde vielleicht unter Liebeskummer leiden, denn in dieser Zeit sind die meisten Hündinnen läufig. Es kann dann sein, daß er unruhig wird, schlecht frißt und dauernd nach draußen möchte, um vor dem Haus seiner Angebeteten voller Sehnsucht auf ihr Erscheinen zu warten.
Die Hündin dagegen ist alle 6 Monate läufig. Die Läufigkeit dauert 21 Tage. In dieser Zeit ist sie ausschließlich an der Leine zu führen, damit keine ungewollte Paarung erfolgt. In der Wohnung gibt es kaum eine Belästigung, denn eine gesunde Hündin hält sich selber sehr sauber. Man kann ihr überdies ein im Fachhandel erhältliches Hygienehöschen anziehen. Dabei muß jedoch beachtet werden, daß die Hündin sich trotzdem putzen kann. Ihr instinkthaftes Sauberkeitsbedürfnis darf nicht eingeengt werden.

Die Läufigkeit der Hündin

Die erste Läufigkeit der Hündin setzt im allgemeinen im Alter von etwa 9 bis 12 Monaten ein und wiederholt sich dann alle 6 Monate. Dies wird meist im Frühjahr und Herbst sein. Die Dauer der Läufigkeit (auch »Hitze« genannt) beträgt 21 Tage. Während dieser Zeit ist die Hündin nur an der Leine zu führen und sehr sorgfältig zu überwachen. Zwischen dem 10. und 12. Tag ist die Empfängnisfähigkeit am stärksten. An diesen Tagen muß ganz besonders gut aufgepaßt werden. Dann nämlich meldet sich auch bei der Hündin die Natur, und sie versucht, zu einem Rüden zu gelangen.
Gegen die Belästigung durch Rüden gibt es Tabletten und Sprays. Sie neutralisieren den Geruch. Doch beginnt die interessante Zeit, also ab dem 10. Tag, ist mit diesen Mitteln nichts mehr auszurichten! Trotzdem sollte man sie anwenden, um den in der Nähe wohnenden Rüden wenigstens einige Tage Liebeskummer zu ersparen. Um zu vermeiden, daß die Rüden der Schweißspur der Hündin folgen

(so nennt man bei der Hündin die Blutung) und sich wartend vor der Haustür aufbauen, ist dies eine gute Hilfe: Geht man mit der Hündin Gassi, trägt man sie aus dem Haus und noch ein Stück die Straße entlang. Bei der Rückkehr trägt man die Hündin das letzte Stück und bis in die Wohnung.
Die erste Läufigkeit dauert oft länger als 21 Tage. Man kann auch beobachten, daß die Hündin in dieser Zeit ein etwas verändertes Verhalten zeigt. Ist sie älter, muß man bei jeder Läufigkeit die Dauer des Schweißens genau beobachten. Es gibt Hündinnen, die zu einer Entzündung der Gebärmutter neigen. Dies kann sich durch langandauerndes Schweißen bemerkbar machen. Wird dies rechtzeitig erkannt, kann der Tierarzt helfen.
Durch Hormone kann die Läufigkeit der Hündin unterbunden werden. Der Tierarzt kann aber auch die Eierstöcke operativ entfernen.

Wo kauft man einen Pudel?

Beim Züchter? Diese Frage ist sehr einfach beantwortet: Man kauft ihn nur dort, wo dem Käufer die Mutter des Welpen gezeigt werden kann. Bei einem Züchter ist dies immer der Fall. Ein Züchter ist derjenige, der aus Liebhaberei und Idealismus seine Freizeit in den Dienst einer bestimmten Hunderasse stellt. Er ist immer Mitglied eines Rassehunde-Zuchtvereins. Damit untersteht er den Zuchtvorschriften und der Kontrolle auf Einhaltung der Vorschriften und sorgfältige Haltung seiner Tiere. »Personen, die den Handel mit Hunden gewerbsmäßig betreiben oder vermitteln (Hundehändler), die mit ihnen in häuslicher Gemeinschaft lebenden Personen und die Angestellten von Hundehändlern« (so steht es unter anderem in der Satzung des DPK) sind von einer Klubmitgliedschaft ausgeschlossen. Ein Züchter handelt also nicht mit Hunden. Er züchtet und verkauft Rassehunde, um für die Verbreitung der Rasse — der er sich verschrieben hat — zu sorgen. Er will anderen Hundeliebhabern, die die gleiche Rasse lieben wie er, die Möglichkeit geben, einen gesunden, schönen vierbeinigen Freund zu erwerben. Um dieses Ziel zu erreichen, ist der Züchter darauf bedacht, durch eine sinnvolle Paarung seiner Hündin mit einem entsprechenden Deckrüden die Rasse weiter zu verbessern. Die Freude an Haltung und Aufzucht seiner Tiere und der gute Klang, den sein Zwingername in Fachkreisen hat, sind sein Lohn.
Ein Wurf junger Pudel wird im Alter von 7 Wochen durch den ehrenamtlich im Klub tätigen »Zuchtwart« für die Aufnahme in das Zuchtbuch registriert. Auf einem Formblatt wird dazu jeder einzelne Welpe mit seinem Namen aufgeführt und seine Qualität beschrieben. Auch die gesundheitliche Verfassung der Mutterhündin wird kontrolliert und vermerkt. Ebenso die Umgebung, in der die Welpen großgezogen worden sind, also etwa in »Haus und Garten«, »Wohnung und Balkon« oder ähnlichem. Anschließend erhält jeder Welpe seine individuelle

Reizende sechs Monate alte Großpudelhündin »Jo-Ki Black Come on Girl«.

Tätowierungsnummer in das innere Ohrleder. Diese gehört zu seinem Namen und ist außer seiner »Zuchtbuchnummer« in der Ahnentafel enthalten. Diese Tätowierungsnummer macht ein versehentliches (oder absichtliches) Verwechseln in der Zucht unmöglich. Aber auch so mancher abhanden gekommene Pudel konnte anhand seiner Tätowierungsnummer seinem rechtmäßigen Besitzer wieder zugeführt werden.

Welpen von Züchtern seriöser Zuchtklubs dürfen nicht vor einem Alter von 8 Wochen abgegeben werden. Diese Vorschrift besteht, weil die Welpen so lange die sie umsorgende Mutterhündin brauchen, um zu gesunden, fröhlichen Hunden heranzuwachsen.

Hundehandel. Traurig ist das Los aller Hundekinder, die der Hundehandel anbietet. Um Rassehunde in großen Mengen und zu geringen Preisen an den Handel liefern zu können, halten die »Produzenten« die Hündinnen häufig in »Batterien«, nicht viel besser als in der Hühnerzucht. In kleinen Kisten leben die Hundemütter mit ihren Welpen. Durch das jahrelange stumpfsinnige Vegetieren sind diese armseligen Kreaturen zum Teil so verblödet, daß ihnen elementare Instinkte verlorengehen. Diese Hunde haben auch keinerlei Beziehung zum Menschen. Die Hündinnen werden bei jeder Hitze gedeckt, zweimal im Jahr. Das Gnadenbrot wird wohl keine von ihnen erhalten.

Es gibt auch Hundehandel, der sich mit den Worten »direkt vom Züchter«, »Züchter verkauft«, »privat« oder ähnlichem tarnt. Gesetzlich kann sich eben jeder »Züchter« nennen, der nur einmal mit einer Hündin einen Wurf großgezogen hat. Zum Unterschied wird aber jeder Liebhaber-Züchter bei seinen Verkaufsanzeigen stets den Klub mit angeben, dem er angehört. Das ist sein Güteausweis.
Die Welpen aus dem Hundehandel sind in den meisten Fällen weder entwurmt noch mit einem wirksamen Impfstoff geschützt worden. Ihre Anfälligkeit für Krankheiten liegt nachweislich erheblich höher als die der in einem anerkannten Rassehundeklub gezüchteten Tiere.

Versandhandel. Die unwürdigste Art, mit dem Verkauf von Hunden ein Geschäft zu betreiben, ist der Versandhandel. »Bei Nichtgefallen Umtausch« ist wohl das Herzloseste, was unserem Freund angetan werden kann.

Pudelkauf im Tierheim. Auch aus dem Tierheim des örtlichen Tierschutzvereins kann vielleicht ein Pudel geholt werden. Oft hat ein Rassehund, der von seinem Besitzer dort abgegeben worden ist, auch eine Ahnentafel. Während des Aufenthaltes im Tierheim unterstehen alle vierbeinigen Insassen tierärztlicher Kontrolle und Pflege. Ihr Neubesitzer erhält genaue Vorschriften und Hilfen für die Gesunderhaltung der Tiere.

Die Aufzucht des Welpen

Allgemeines

Damit ein junger Hund gesund heranwachsen kann und uns mit seiner robusten Natur und seinem ausgeglichenen Wesen Freude bereitet, müssen wir folgendes beachten:
Jeder Hund braucht viel Schlaf. In seinem Schlafbedürfnis darf er nicht gestört werden, sonst ziehen wir uns ein quengeliges, unruhiges Tier groß. Auch anfassen sollte man den jungen Pudel nicht zuviel. Er ist kein Spielzeug. Hunde zeigen sich ihre Zuneigung untereinander durch Stupsen mit der Nase, Ziehen am Nackenfell, Beißen in die Haxen und so fort. Niemals engt ein Hund den anderen ein, der Fluchtweg bleibt immer offen. Der Hund auf dem Arm, auf dem Schoß festgehalten, bedeutet aber eine Einengung und ist damit widernatürlich. Zwar

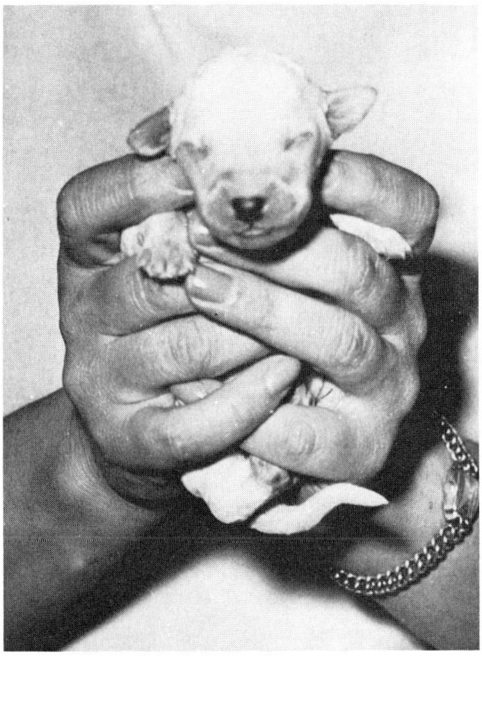

Weißer Großpudelwelpe — 36 Stunden alt. Die Rute (Schwanz) ist noch unkupiert. Die langen, später eng am Kopf anliegenden Ohren stehen ab wie kleine Tüten. So ein Welpe hat ein ausgeprägtes Orientierungsvermögen durch seinen Geruchssinn. Er kann aber weder hören noch sehen.

wird er diese Behandlung nach anfänglichem Sträuben dulden, aber sein Wesen wird dadurch verdorben. Kommt er jedoch von selbst und möchte auf den Arm genommen werden, so ist das etwas anderes. Mit dieser Haltung sucht er die Nähe des Menschen so, wie er mit seinem Artgenossen zusammen das Schlafkörbchen aufsuchen würde. Dieses spontane Zeichen der Zuneigung anzunehmen, sollten wir immer mit Freude bereit sein. Den Kindern muß erklärt werden, daß der Hund ein Freund ist. Ein Freund hat das Recht auf Selbständigkeit, er darf nicht dazu gezwungen werden, eine solche Behandlung auszuhalten wie eine Puppe oder ein Stofftier. Vermeiden müssen wir auch, einen jungen Hund unentwegt zum Spielen aufzufordern. Er braucht seine Ruhe. Ruhe bedeutet aber nicht nur Schlaf, sondern zum Beispiel ungestört an einem Knochen, einem Apfel oder einer Möhre zu kauen, für sich allein mit seinem Ball zu spielen oder aus dem Fenster auf die Straße zu sehen. Will er aber mit seinen Besitzern spielen und sich als Clown von ihnen bewundern lassen, so wird er dies ganz von selbst zu verstehen geben. Er liebt es, Publikum zu haben, das seinen Künsten, die er sich ausdenkt, Beifall klatscht.

Der Tagesablauf unseres Pudels muß regelmäßig sein, dann fügt er sich auch ganz unauffällig in den seiner Menschenfamilie ein. Zu dieser Regelmäßigkeit gehört auch, daß ihm seine Mahlzeiten stets pünktlich verabfolgt werden. Tun wir dies

Ein Korb voll Glück! Schwarze Kleinpudelwelpen aus dem Zwinger »Von Lajoe«.

nicht, wird unser Hund unruhig, vielleicht sogar aufsässig, im menschlichen Sinne also »ungezogen«. Dabei hat sein Besitzer die Schuld für dieses Verhalten, denn die Uhr im Magen unseres Hundes hat sich energisch gemeldet und gesagt: »Es ist Essenszeit!« Nach den Mahlzeiten muß der Hund ruhen können. Allerdings ist er erst »Gassi« zu führen, nachdem die Futterschüssel leergefressen ist. Bei einem Welpen wird sofort Kot abgesetzt, wenn er seine Portion vertilgt hat.

So wichtig wie Futter und Schlaf ist für unseren jungen Hund die ausreichende tägliche Bewegung an Licht, Luft und Sonne. Dabei ist zu beachten, daß ein junger Welpe noch keine langen Spaziergänge bewältigen kann. Vorsicht vor Überanstrengung! Wenn wir sein Verhalten genau beobachten, lernen wir aber rasch, wieviel wir ihm zumuten können. Schützen müssen wir unseren Hund vor praller Sonne und vor Zugluft. Wenn er sich am Tage also auf Balkon oder Terrasse aufhalten kann, darf er nicht ausgesperrt werden, sondern muß die Möglichkeit haben, nach eigenem Ermessen in die Wohnung zu kommen.

Von Anfang an müssen wir unseren Welpen daran gewöhnen, allein in einem Raum zu bleiben, ohne zu bellen, zu weinen oder an der Tür zu kratzen. Wir üben diese Lektion täglich und benutzen dabei ein ganz bestimmtes, kurzes Wort, vielleicht »warten!«. Hat er sich brav verhalten, loben und belohnen wir ihn. Wenn wir dann später einmal die Wohnung ohne ihn verlassen müssen, ist er an das Alleinbleiben bereits gewöhnt und wird nicht den Hausfrieden stören. Wir sagen »warten!«, und unser Hund weiß dann schon, was wir von ihm verlangen. Diese Übung braucht Zeit und Geduld. Ihre Erlernung ist für unseren Hund deshalb so schwer, weil sie der Natur des Hundes, nie ohne Gesellschaft zu sein, widerspricht. Von Anfang an geben wir unserem Hund viel Lob und Aufmunterung. So stellen wir ein inniges Vertrauensverhältnis des Hundes zu seinem Herrn her. Dieses ist die Grundlage, ihn zu einem angenehmen Freund und gehorsamen Begleiter zu erziehen, der von jedermann wegen dieser Tugenden geachtet wird.

Damit unser Welpe und später der Junghund ohne gesundheitlichen Schaden zu einem erwachsenen Pudel wird, muß noch etwas genau beachtet werden. Ein junger Hund nimmt alles auf und verschluckt, was er findet. Vorsicht mit Näh- und Stecknadeln, Pfirsichkernen, Nüssen, Nußschalen! Lassen Sie ihn nicht den Kugelschreiber oder Filz- und Kopierstifte erreichen und zerbeißen. Sie sind giftig für den Hund! Und bitte, allergrößte Vorsicht bei der Aufbewahrung von Medikamenten!!! Diese müssen so verwahrt werden, daß der Hund sie nicht erreicht. Auf keinen Fall dürfen Medikamente auf dem Nachttisch liegen. Auch nicht, wenn man sagt, »ins Schlafzimmer darf mein Hund nicht«. In einem unbemerkten Augenblick ist es dann doch geschehen!

Vorsicht auch bei Spaziergängen mit unserem Pudel. Auch draußen wird er alles aufnehmen wollen, was er findet. Mit energischem »Pfui« muß man es verhindern. Verboten sind: Kastanien, Eicheln, Haselnüsse, Steine, um die wichtigsten

Fremdkörper zu nennen, die aus so manchem Hundebauch herausoperiert werden müssen. Aufpassen müssen wir beim Spazierengehen ebenfalls, daß der Pudel sich an den herumliegenden Flaschenscherben nicht die Pfoten aufschneidet. Auch in solch einem Fall sofort den Tierarzt aufsuchen. Schnittwunden an den Ballen der Füße können tückisch sein.

Niemals darf unser junger Hund Dinge zum Spielen bekommen, die solche Größe haben, daß er sie verschlucken kann. Bitte auch den Kindern erklären, daß sie ihm nicht alles hinhalten dürfen, wie zum Beispiel Lego-Steine, Puppenschuhe und so weiter. Damit fördern wir die Unsitte, alles und jedes in die Schnauze zu nehmen oder wegzutragen. Die Kinder meinen zwar, ihr Hund könne richtig mit ihnen spielen, das ist aber ein Irrtum. Er weiß ja nicht, wozu Lego-Steine zu gebrauchen sind. Für ihn ist dieses Abnehmen der Gegenstände Aufnehmen der Beute. Bei einem jungen Hund löst aber Aufnehmen, also etwas in die Schnauze nehmen, sofort den Reflex des Herunterschluckens aus. Erst der ältere Hund prüft (meist) vor dem Verschlucken den Geschmack. Einen Lego-Stein würde er vermutlich prüfend zerbeißen, die Splitter dann aber sofort ausspucken, weil dies Zeug nicht nach seinem Geschmack ist.

Und noch ein Wort zum Thema »Knochen für den Hund«. Im allgemeinen sollte man darauf verzichten, dem Pudel Knochen zu geben. Er verträgt sie meist nicht gut und fängt mitten in der Nacht an zu würgen und legt sie uns auf den Teppich. Zur Beschäftigung sollte man dem jungen Hund aber ein großes Stück Ochsenbeinknochen (vom unteren Stück) geben. Auch weiche Knorpel vom Rind darf er fressen. Niemals soll unser Hund aber Knochen vom Geflügel, Wild oder Hammel bekommen. Diese Knochen splittern und können den Darm durchbohren. Auch Karbonadenknochen sind ungeeignet, weil sie splittern. Auf keinen Fall darf der Hund Knochen von gepökeltem Fleisch erhalten. Sie sind zu salzig!

Das Lager

Als Lager für unseren Pudelwelpen und den heranwachsenden Junghund eignet sich am besten eine Holzkiste. Selbstverständlich sind die im Fachhandel käuflichen Weidenkörbe hübscher und dekorativer, auch die Körbchen aus lackiertem Eisendraht sehen reizend aus, doch seien diese lieber dem erwachsenen Pudel reserviert. Ihre Lebensdauer ist sonst recht begrenzt und reicht kaum weiter als bis über den Zahnwechsel unseres Pudels hinaus. Die Holzkiste sollte viereckig und vorn mit einem ausgeschnittenen Einstieg versehen sein. Zwei Leisten unter den Seitenwänden schützen vor Zugluft, weil so zwischen Kiste und Fußboden ein Zwischenraum entsteht. Werden unter den Leisten noch Gleitknöpfe angebracht, gibt es auch keine beschädigten Teppichböden. Die Innen- und Außenwände der Kiste müssen ganz glatt sein und dürfen keine

Splitter haben. Sie sollten auch weder gestrichen noch beklebt werden. Beides ist für den Hundemagen sehr schädlich, denn auch eine Holzkiste wird von einem Junghund mit Hingabe angeknabbert. Ihr Vorteil besteht jedoch darin, daß sie dauerhaft und in der Anschaffung nicht zu teuer ist.

Als Einlage für das Lager ist eine Matratze mit Baumwollbezug am besten geeignet. Sie ist im Fachhandel erhältlich. Auf keinen Fall darf eine Füllung aus Schaumgummi oder eine Schaumgummimatratze verwendet werden. Schaumgummi im Hundemagen bedeutet akute Lebensgefahr! Es kann nicht eindringlich genug darauf aufmerksam gemacht werden, daß für unseren Hund alle Kunststoffe unverdaulich sind und im Magen und Darm zu so schweren Entzündungen führen können, daß der Hund daran elend zugrunde gehen kann. Als Auflage auf die Matratze können wir gut eine Decke verwenden, wenn diese aus reiner Baumwolle oder Wolle ohne Beimischung von Kunstfaser besteht.

Der Platz, an den wir das Lager unseres Pudels stellen, sollte an einem bereits vorher gut ausgesuchten Ort sein. Dazu müssen wir uns in die Seele des Hundes hineinversetzen und uns darüber klar sein, was für ihn sein Lager bedeutet. Es ist nicht nur sein Schlafplatz, an dem er ungestört, aber nicht zu weit ab von seiner Menschenfamilie liegen kann, sondern es ist auch seine Zufluchtstätte, wenn er Schutz sucht. Ebenso ist es das Versteck — seine Höhle —, zu dem er seinen wertvollsten Besitz trägt, einen Knochen, ein Spielzeug, seine Beute also. Am meisten wird er daher ein Lager schätzen, das ihn von oben schützt, also etwa unter den Küchentisch gestellt ist. Den Lagerplatz des Hundes muß seine Menschenfamilie als dessen Hoheitsgebiet respektieren. An diesem Platz darf auf keinen Fall Strafe verabfolgt werden. Dort sollte er auch nicht etwa mit Kamm und Bürste bearbeitet oder ihm etwas zugefügt werden, was ihm unangenehm ist. Das Lager muß sich für den Hund immer mit dem Gefühl des Wohlbefindens verbinden. Es ist sein Zufluchtsort, an dem er unangetastet bleibt. Selbstverständlich kann man dem Hund, wenn er auf dem Lager liegt,

Ein Wurf »Von Masuren« — weiße Großpudel. Oh, ein Tellerchen fehlt!

Kleine Pudelhündin als Amme für zwei Tigerbabys.

etwas fortnehmen, was er nicht haben darf. Will man aber eine Unterordnung erreichen (zum Beispiel soll er kommen, um gebürstet zu werden), so muß er zunächst von seinem Lager fortgerufen oder notfalls fortgenommen werden. Erst dann kann auf den Hund eingewirkt und von ihm eine bestimmte Unterordnung verlangt werden. Das Lager aber bleibt tabu.
Manchmal ist jedoch zu beobachten, daß ein Hund den Platz, auf dem sein Lager steht, nicht besonders schätzt, ja, vielleicht sogar meidet und sich einen anderen, ganz bestimmten Platz in der Wohnung aussucht. Ist es möglich, das Hundelager dorthin zu stellen, ohne daß die Familie dadurch eingeschränkt wird, sollte man dies tun.

Stubenreinheit

Die Stubenreinheit, so scheint es, ist das Problem Nummer 1 bei der Anschaffung eines Welpen. Es braucht jedoch nicht zu einem Problem zu werden, wenn man die angeborene Sauberkeit des Pudels durch ein wenig menschliche Überlegung sowie durch Konsequenz und Geduld unterstützt. Dabei heißt die Grundregel:

ein Welpe muß immer dann sofort dorthin gebracht werden, wo er seine Geschäfte verrichten soll, wenn

- er soeben aus dem Schlaf erwacht ist,
- er gerade die Futterschüssel leergefressen hat,
- er mitten im Spiel plötzlich innehält und mit der Nase auf dem Boden wie suchend hin und her läuft.

Man nimmt ihn dann schnell auf den Arm — das ist der Trick, damit er noch eine Weile anhält — und bringt ihn nach draußen. Hat er sein Geschäft gemacht, wird unser Pudel gelobt mit »brav, so ist's brav«. Hat er erst einmal verstanden, daß er Lob außerhalb der Wohnung für seine Pfützchen und Geschäfte erhält, wird er sehr bald auch an die Tür gehen, wenn er ein Bedürfnis hat. Man sollte dem kleinen Kerl dabei behilflich sein und ihn gut beobachten. So wie er zur Tür geht, muß man ihn mit viel Lob nach draußen bringen. Niemals darf man einen Hund mit der Nase in den eigenen Kot drücken, wenn er sich einmal in der Wohnung vergessen hat. Er kann dies nicht als Strafe für seine Missetat verstehen. Er empfindet nur entsetzliche Qual. Ertappen wir unseren Hund in der Wohnung, während er sich »vergißt«, so ist die beste Strafe ein sehr scharf und schneidend gerufenes »Pfui«. Anschließend sollte der Hund sofort nach draußen gebracht werden, als würde er Gassi geführt. Hat man die Bescherung erst erheblich später nach der Tat entdeckt, ist er dafür nicht mehr zu strafen. Ein Hund kann nur dann eine Strafe »verstehen«, wenn sie »in flagranti« erfolgt, also unmittelbar zusammen mit seiner Missetat. Schon wenige Augenblicke später darf er nicht mehr gestraft werden, da er nicht, wie der Mensch, zwei zeitlich auseinanderliegende Dinge miteinander in Zusammenhang bringen kann.

Wenn sich ein Welpe oder Junghund versehentlich auf ein und derselben Stelle verschiedene Male verewigt haben sollte, muß der Teppich dort schnellstens so gereinigt werden, daß er einen neutralen Geruch annimmt (eventuell mit Essigwasser behandeln). Es kann bei unserem Hund sonst zur Unart werden, sich auf diese Stelle immer wieder zu setzen. Dadurch, daß diese seine Duftmarke so vollkommen angenommen hat, bedeutet sie für den Hund die Markierung seines Reviers. Er hält es daher auch für sein selbstverständliches Recht, durch sein neuerliches Geschäft den Duft zu erhalten. Strafe nützt hier nichts.

Mit dem Welpen oder Junghund geht man spät abends noch mal nach draußen (etwa 22 Uhr), um ihm das »Durchhalten« in der Nacht zu erleichtern. Am Morgen geht man so früh wie möglich mit dem kleinen Hund wieder raus. Wichtig ist es, ihn sofort nach dem Aufwachen hinauszubringen, sonst ist es für das Vermeiden der Verschmutzung schon zu spät.

Viele Züchter benutzen bei der Aufzucht der Pudelwelpen Zeitungspapier als Babytoilette. Ein Teil der Kinderstube wird mit warmen Decken ausgestattet, gleich daneben liegt Zeitungspapier. Sehr früh gehen die kleinen Pudel dann schon allein auf das Zeitungspapier, etwa ab 3 Wochen, und halten ihre warmen

Schlafdecken sauber. Diese Gewöhnung an das Zeitungspapier ist dann bei der Aufzucht eines Pudelwelpen bei seinem Neubesitzer eine große Hilfe. Vielleicht legt man im Badezimmer Zeitungspapier für »Notfälle« aus oder tut dies an einem anderen Ort, der geeigneter ist. Nachts können ebenfalls einige Lagen auseinandergefaltetes Zeitungspapier für »alle Fälle« neben dem Schlafplatz ausgebreitet werden.

An- und Auffressen von Gegenständen

Mögen die Unterschiede zwischen den einzelnen Hunderassen und die Verschiedenheit der Hundemischlinge noch so groß sein, eins haben alle jungen Hunde gemeinsam: die unbefangene Neugier, die sie ihrer Umwelt entgegenbringen. Wie ist das Hundeleben doch schön und lustig! Alles in der Welt ist zum Spielen da! So ist denn auch vor dem Tatendrang und den spitzen Milchzähnen unseres Pudels in der Wohnung nichts sicher. Zum Schutze des Hundes und damit kein Schaden angerichtet werden kann, müssen wir Menschen vorübergehend eine ganze Reihe von Gewohnheiten ändern und uns selbst diszipliniert verhalten. Zunächst müssen noch vor dem Einzug des jungen Hundes in die Wohnung folgende Sicherheitsvorkehrungen getroffen werden:

Steckdosen sichern (beim Fachhandel erhältlich);
Telefon- und alle anderen Elektrokabel (Fernseher) vor dem Benagen oder Durchbeißen sichern;
Balkon- und Terrassengitter prüfen und eventuell sichern, damit der kleine Pudel sich nicht durchzwängen und herunterfallen kann.

Ist der Pudel dann im Haus:

Vorsicht beim Öffnen der Fenster. Alle Hunde lieben es, auf dem Fensterbrett zu sitzen und auszugucken;
Vorsicht bei Treppen (Knochenbruchgefahr bei Fall);
Vorsicht bei Feuerstellen, Kerzen, brennenden Zigaretten;
Ist ein Garten vorhanden, muß er eingezäunt sein. Die Gartentüren sind geschlossen zu halten, damit der Pudel nicht entläuft oder gar überfahren wird.
Ist ein Schwimmbad oder Zierteich im Garten, besteht die Gefahr des Ertrinkens, wenn der Hund unbemerkt hineinfällt oder -springt. Jeder Hund kann zwar schwimmen, hier würde er aber vor Erschöpfung ertrinken, weil er wegen der steilen Wände ohne Hilfe nicht wieder heraus könnte.

Um zu verhindern, daß unser vierbeiniger Hausgenosse Teppiche, Möbel, Schuhe oder anderes benagt, müssen wir zunächst alles hoch stellen, was früher auf dem Fußboden stand oder in niedriger Höhe. Dazu gehört vielleicht unsere Bodenvase, ebenso Papierkörbe, das Schuhbord, der Zeitungsständer und anderes. Um unseren Hund von der eventuellen Beschädigung des Restes unserer Wohnung fernzuhalten, benötigt er ausreichendes, geeignetes Spielzeug. Dazu besorgen wir einen oder zwei sogenannte Kauknochen aus Büffelhaut, einen oder zwei Tennisbälle und einen großen Rinderknochen (Beinknochen), den wir durch einen neuen ersetzen, wenn er zu riechen beginnt. Die Knochen duften für unseren kleinen Hund wesentlich besser als zum Beispiel die Teppichfransen oder die Stuhlbeine, er wird sie also vorziehen. Die Bälle rollen so herrlich schnell, sie stacheln den bereits schlummernden Jagdtrieb an und lenken vom Inventar ab. Auch Äpfel und Möhren können wir unserem Pudel geben. Es ist für einen Hund wichtig, daß er Dinge besitzt, an denen er unbekümmert seinen Spieltrieb auslassen und mit Hingabe kauen und knabbern kann. Das Spielzeug allein aber hält den Junghund nicht davon ab, Möbel und Teppiche in Ruhe zu lassen. Die Menschenfamilie muß ihm beibringen, was ihm erlaubt ist und was nicht, und zwar mit liebevoller Strenge, nicht etwa mit Schlägen. Geht ein Hund an die Teppiche oder will er gerade an den Gardinen reißen, klatscht man in die Hände und sagt in scharfem Ton »Pfui« und sofort in liebevoller Tonart hinterher »Wo ist denn dein Ball?« (oder »dein Knochen?«) und beginnt, mit dem Hund und dem genannten Spielzeug zu spielen. Dabei lobt man ihn ausgiebig. Dieses wird immer wiederholt, bis der junge Hund verstanden hat, was er darf und was nicht. Achtung! Folgendes Spielzeug ist für Hunde verboten, denn es bedeutet akute Lebensgefahr: alle Dinge aus Kunststoff, wie zum Beispiel Spielzeug aus Plastik oder Gummi, Plüschtiere aus Kunstfaser oder mit Schaumstoff gefüllt, Schaumgummibälle, Perlonstrümpfe! Ebenfalls Wurstpelle aus Kunststoff, Badeschwämme, jede Art von Plastikfolie, Bonbonpapier, kunststoffbeschichtete Käserinde; Kunststoff und Kunstfasern sind für den Hund nicht nur unverdaulich, sondern unverträglich. Sie greifen die Magen- und Darmwände an, führen zu Entzündungen und können den Tod unseres Hundes bedeuten. Dies kann nicht eindringlich genug immer wieder gesagt werden. Alle Familienangehörigen und die Nachbarn, auch die Kinder müssen das wissen, damit die Gesundheit des Hundes erhalten bleibt.

Erziehung

Konsequenz in der Erziehung unseres Pudels machen diese, zusammen mit Verständnis und liebevoller Zuneigung, zum Kinderspiel. Wie von selbst fügt sich ein jung erworbener Pudel in seine Menschenfamilie ein. Nichts bedeutet ihm mehr, als seinem Besitzer Freude zu machen und dessen Zuneigung zu gewinnen. Die Kunst der Erziehung liegt darin, dem Hund verständlich zu machen, was wir von ihm wollen. Zwang sollte dabei so wenig wie möglich angewendet werden. Fehlverhalten des Hundes ist meist auf fehlerhafte Erziehungsmethoden seines Besitzers zurückzuführen. Seien wir also kritisch gegen uns selbst. Hüten müssen wir uns aber davor, den Hund zu vermenschlichen. Damit verkennen wir seine Wesensart und nehmen ihm seine Entfaltungsmöglichkeit. Der Hund ist und

Der Pudel als Artistenhund — das gibt's auch heute noch.

bleibt ein Lebewesen, dessen Verhaltensweise von Naturtrieben bestimmt wird. Im menschlichen Sinne logisch zu denken, ist ihm nicht möglich. Von unserer Sprache kann er auch nicht den Sinn verstehen. Er lernt jedoch, den Klang und die Klangstärke zusammen mit dem Tonfall und den Gebärden seines Herrn so zu erfassen, um dem vom Menschen Gewünschten nachzukommen.

Der Pudelwelpe kommt ins Haus

Um unserem Pudel den Schritt ins Leben zu erleichtern, holen wir ihn am Vormittag von seinem Züchter in sein neues Zuhause. Der Trennungsschmerz wird dadurch gemildert, denn die Tagesereignisse lenken ihn ab. Bis zum Abend hat sich der kleine Kerl schon eng an uns angeschlossen. Bricht die Nacht herein, in der er zum ersten Male ganz allein sein wird, ist das Heimweh nach Mutter und Geschwistern nicht ganz so groß.
Zu Hause angekommen, beginnen wir gleich mit der Gewöhnung. Wir setzen ihn auf seinen für ihn vorbereiteten Platz und streicheln und loben ihn. Jetzt bleiben wir in unmittelbarer Nähe des Welpen, sprechen freundlich und beruhigend auf ihn ein und verhalten uns ganz entspannt. Eine unvorstellbare Vielzahl unbekannter Dinge stürzt auf unseren Welpen ein. Durch unsere Ruhe und liebevolle Stimme aber geben wir ihm das Gefühl der Sicherheit und Geborgenheit. Nun wird es gar nicht lange dauern und die Neugier des kleinen Hundes besiegt seine Bedrücktheit. Aufmerksam wird er seine neue Umgebung näher betrachten und vor allem beriechen. Ein Hund orientiert sich hauptsächlich nach dem Geruchssinn. Nach jedem Stück mutig eroberter Wohnung wird er freudig zu demjenigen zurücklaufen, der ihn hierher gebracht hat. Dessen Geruch ist ihm am vertrautesten. An diesen Menschen hat sich der Welpe, als er aus seiner gewohnten Umgebung fortgebracht wurde, angeschlossen.
Nach einiger Zeit bringen wir unseren kleinen Pudel in die Küche und zeigen ihm, wo seine Wasserschüssel steht. Sicher wird er von der großen Aufregung durstig geworden sein. Wir bieten ihm auch etwas zu fressen an. Spätestens jetzt ist das erste Pfützchen fällig. Da alles noch so neu und unbekannt ist, schelten wir ihn dafür aber nicht. Und nun überkommt unseren Welpen die Müdigkeit der Erschöpfung. Diesen ersten Schlaf in der neuen Umgebung dürfen wir nicht stören. Wir bleiben bei ihm, damit er sich nicht verlassen fühlt. Wacht er nach diesem Schlaf auf, sind ihm sein neuer Besitzer und die Umgebung schon vertraut. Er wird einen viel lebendigeren Eindruck machen.

Gewöhnung an Halsband und Leine

Das Welpenhalsband sollte geschmeidig und nicht zu breit sein, die Leine lang, um gute Bewegungsfreiheit zu geben. Legen wir unserem Hund zum ersten Mal ein Halsband um, wird er sich heftig dagegen sträuben. Wir sprechen daher liebevoll mit ihm und loben ihn. Ist das Halsband geschlossen, wird er versuchen, dieses störende Ding mit den Hinterpfoten wegzukratzen. Da es ihm nicht gelingt, wird er ganz aufgeregt. Wir helfen ihm über diese Paniksituation hinweg, indem wir ihn ablenken. Ganz schlimm wird es dann, wenn unser Pudel angeleint ist. Er wird rückwärts laufen, bocken, sich gegenstemmen, knurren, fiepen oder schreien, je nach Temperament, denn der Ruck an der Leine ist der erste Zwang, den das Tier erlebt. Nun machen wir uns aber seinen Folgeinstinkt zum Helfer. Wir gehen vor dem Pudel her — rückwärts —, mit unserem Gesicht ihm zugewandt, und locken ihn. Er wird uns folgen und darüber sehr schnell Halsband und Leine vergessen. Immer wieder, wenn unser Welpe sich plötzlich setzt oder stehenbleibt, beugen wir uns ganz zu ihm herunter, geben ihm aufmunternden Zuspruch, entfernen uns ein paar Schritte und locken ihn. Bei all diesen Versuchen muß die Leine selbstverständlich immer locker durchhängen. Es dauert gar nicht lange und es erwacht in ihm die Freude an diesem lustigen Entdeckungsspaziergang. Plötzlich rennt das Kerlchen von uns weg, es hat irgend etwas Interessantes gesehen, auf das es zuläuft. Da müssen wir blitzschnell reagieren und mit der Leine seiner Richtung folgen, ohne daß diese am Halsband ruckt. Auf einmal aber packt ihn wieder der große Jammer. Er setzt sich hin und

Zwiesprache zwischen Mutter und Kind: Champion »Rodin's Twinny« und »Young Lady vom Walddorf« (zehn Wochen alt).

fiept. Da müssen wir ihn erneut trösten, ihm Mut machen und wieder auffordern, hinter uns herzulaufen.
Niemals dürfen wir unseren Welpen an der Leine hinter uns herziehen, ungeduldig sein oder gar schimpfen. Damit zerstören wir das Vertrauen des Hundes zum Menschen. Die Gewöhnung an Halsband und Leine ist fast immer innerhalb eines Tages zu erreichen, wenn der Welpe mit Geduld und Verständnis bei dieser Lektion behandelt wird. Während der ersten Tage, bis zur völligen Gewöhnung, behält unser Welpe tagsüber das Halsband um. Abends nimmt man es ihm ab, damit er sich in der Nacht nicht verhaken oder gar strangulieren kann. Nach kurzer Zeit ist das Umlegen des Halsbandes ein Grund zu Freudentänzen. Ausgehen mit seinem Herrn — danach steht so recht des Hundes Sinn!

Der Stammplatz

Vor der Anschaffung des Pudels sollte in der Familie klar darüber entschieden werden, was der Pudel später darf und was ihm nicht gestattet werden soll. Sicherlich wird man sich darauf einigen, daß er wie ein richtiger Hund an den Fußboden gewöhnt werden soll. Polstermöbel oder gar das Bett sollten ihm verboten bleiben.
Ein Menschenkenner und Hundefreund antwortete auf die Frage eines Hundebesitzers, wie er seinem Hund wohl die schlechten Angewohnheiten, die dieser angenommen hat, wieder abgewöhnen könne: »Indem Sie sie ihm nicht angewöhnen.« Dieser Ausspruch erscheint paradox und stimmt dennoch: Wir können unserem Hund viel angewöhnen, aber ihm wieder etwas abzugewöhnen, das ist fast unmöglich.
Wenn man sich aber entschlossen hat, dem Pudel zu erlauben, auf einem Sessel oder ähnlichem zu sitzen, so legt man zweckmäßigerweise eine Decke dorthin. Es ist ein leichtes, ihm klarzumachen, daß er von den menschlichen Sitzgelegenheiten nur diesen einen Platz für sich beanspruchen darf und auch nur dann, wenn seine Decke darauf liegt. Mit solch einem Platz ist unser Pudel völlig zufrieden. Man kann ihn dadurch von der Unsitte abhalten, auf alle Sitzmöbel zu springen.

Der nächtliche Schlafplatz

Die erste Nacht, die unser Pudel bei uns zu Hause verbringt, ist eine schlimme Geduldsprobe für unser mitfühlendes Herz! Jeder Welpe wird versuchen, auch in der Nacht in unserer Gesellschaft zu bleiben und dies lautstark fordern. Es geht zwar gegen die Natur des Hundes, die Nacht allein in einem Raum zu verbringen, wir können ihm dies aber ohne weiteres zumuten und angewöhnen. Dazu gehören aber Konsequenz und die Einsicht, daß wir dem jungen Hund Untugenden angewöhnen — wenn wir ihn etwa mit ins Schlafzimmer nehmen —, die ihm nicht

Tanja hat Probleme mit der Führleine.

wieder abzugewöhnen sind. Eine oder zwei Nächte, in denen der Welpe jammert, sind zu überstehen, auch wenn uns der kleine Kerl noch so leid tut. Der Erfolg gibt uns recht. Wir werden uns damit einen braven Hund erzogen haben, der sein Leben lang mit der größten Selbstverständlichkeit und friedlich die Nächte in seinem Körbchen allein in dem ihm angewiesenen Raum verbringen wird. Läßt man sich aber erweichen, in der ersten Nacht aufzustehen, um den Hund zu trösten, so wird er um so mehr jammern, wenn er wieder allein gelassen worden ist. Er hat die Erfahrung gemacht: Jammern bringt Gesellschaft und damit Wohlbefinden.

Futterplatz und Futterzeiten

Als Fütterungsplatz für unseren Pudel ist die Küche am besten geeignet. Hier ist der Fußboden am leichtesten sauberzuhalten. Wenn unserem Hund beim Fressen etwas danebengeht, ist es nicht so schlimm. Einige Hunde haben die Angewohnheit, die Bröckchen, die nicht so recht nach ihrem Geschmack sind, auszusortieren und neben die Schüssel zu legen. Manchmal fressen sie diese zum Schluß dann doch noch auf. Es kann aber auch sein, daß sie vom Freßnapf weggehen und dem liegengebliebenen Bissen keinen Blick mehr gönnen. Auch diese Behandlung hält ein Küchenfußboden aus. Sonst kann man auch, um eine eventuelle Verschmutzung zu vermeiden, unter den Freßnapf eine Plastikdecke legen. Doch Vorsicht, daß der Hund sie nicht anfrißt. Sie darf also auf keinen Fall liegenbleiben. Auch die Wasserschüssel steht am besten in der Küche. Sie muß einmal am Tag gründlich gesäubert werden. Das Wasser ist mehrmals täglich durch frisches zu ersetzen.

Ganz wichtig ist bei der Fütterung des Hundes: Der einmal eingeführte Zeitplan muß genau eingehalten werden. Dies gilt vor allem für den erwachsenen Hund, der nur einmal am Tag seine Portion bekommt. Wir wählen die Zeit, die für unseren Tagesablauf am geeignetsten ist. Betteln am Tisch ist eine Unsitte, die wir unserem Pudel nicht angewöhnen wollen. Wir bitten daher die ganze Familie, dem Pudel vom Tisch nichts abzugeben. Solange wir unsere Mahlzeiten einnehmen, hat der Hund ruhig an irgendeinem Platz zu liegen. Auch wenn Gäste da sind, bitten wir diese, dem Hund während des Essens nichts zu geben. Ganz abgesehen davon, daß es lästig ist, einen schmachtenden Pudel neben dem Tisch sitzen zu haben, aus dessen Mundwinkel die Speichelfäden tropfen, der mit der Zeit auch noch anfängt, sein Betteln mit Lauten zu unterstützen, ist das Füttern bei Tisch ungesund. Unsere Speisen sind zu scharf gewürzt, zu fett oder enthalten zuviel Zucker. Das ist nichts für den Hund. Der Erfolg wird sein, daß unser Pudel dick und unansehnlich wird.

Kommen auf Ruf oder Pfiff

Von allen Gehorsamsübungen ist das Kommen zum Herrn auf Ruf oder Pfiff die schwerste für unseren Hund. Sie ist für seine Sicherheit im Stadtverkehr die wichtigste, deshalb müssen wir auch so früh wie möglich damit beginnen. Das Kommando dafür heißt »Hier!«. Wir beginnen, dem Pudel begreiflich zu machen, was wir mit »Hier!« meinen, indem wir zuerst in der Wohnung üben. Anstelle der Leine befestigen wir an seinem Halsband eine längere Schnur. Auf das Kommando »Hier!« ziehen wir ihn vorsichtig, aber bestimmt zu uns heran und sagen »Brav« und streicheln ihn, wenn er bei uns angekommen ist. Dieses wiederholen wir einige Male hintereinander. Dann hören wir auf mit der Übung. Nie sollte eine Schulstunde für unseren Hund lang sein, das überfordert ihn. Dafür wiederholen wir sie aber verschiedene Male am Tag.

Nach einiger Zeit verlegen wir diese Übung mit unserem Hund nach draußen. Auf einer Hundewiese oder sonstigen Anlage, wo er nicht durch hektischen Straßenverkehr abgelenkt wird, verlängern wir seine Leine durch eine lange Schnur, etwa eine Wäscheleine. Zunächst lassen wir den kleinen Hund eine Weile toben. Dann rufen wir »Hier!«, scharf gesprochen, und ziehen sanft, aber stetig an der Leine, bis er bei uns angekommen ist. Auf dem Wege zu uns wiederholen wir das Kommando »Hier!« noch ein oder zwei Mal, vor allem, wenn er sich plötzlich ablenken läßt. Nun wird unser Hund gelobt und darf wieder nach eigenen

Einfällen laufen. Dann üben wir erneut und loben und streicheln ausgiebig. Für dieses Mal hören wir mit dem Lernen auf. Beim nächsten Spaziergang setzen wir die Übung fort. Wichtig ist: Alle Kommandos müssen aus prägnanten, möglichst einsilbigen Worten bestehen. Wir erleichtern dem Hund damit das Lernen. Falsch ist, was man oft hört: »Also, Putzi, wenn du jetzt nicht endlich kommst, werde ich aber böse!« Dieser Hund merkt wohl ein leises Grollen in der Stimme seines Herrn, ein Kommando enthält dieser Satz aber für ihn nicht. Er fühlt sich mit seiner Bummelei deshalb auch nicht im Unrecht. Richtig wäre gewesen zu rufen »Hier!!!« und dann, wenn der Hund beim Herrn angekommen ist, »Braaaav. Braver Putzi«. Das Wort »Brav« wird immer mit warmer, liebevoller Stimme gesprochen und dabei sehr langgezogen.

Auch den Pfiff, den wir anstelle des Kommandos »Hier« verwenden wollen, üben wir schon zu Hause. Haben wir einen Leckerbissen für den jungen Hund — einen Hundekuchen etwa —, rufen wir ihn beim Namen und geben sofort danach das Pfeifsignal. Er wird diesen Pfiff später dann immer mit etwas Angenehmem verbinden. Das wird ihn veranlassen, freudig zu uns zu kommen, nachdem der betreffende Pfiff ertönte. Diese Übung können wir auch auf den Spaziergängen versuchen, ebenfalls mit einem Leckerbissen zur Belohnung. Überhaupt sollte man am Anfang bei der Erziehung des Welpen zum Gehorsam kleine Leckerbissen neben dem reichlich gespendeten Lob verwenden. Nur muß man sparsam damit sein und eines Tages ganz damit aufhören, sonst wird unser Pudel durch diese Extrahappen zu dick.

Die Erziehung des Hundes muß wohldurchdacht sein. Wir dürfen ihm nur soviel Zwang antun, wie dies für die Erziehung zu seiner eigenen Sicherheit notwendig ist. Nie dürfen wir unseren Hund mit der Hand schlagen, damit machen wir ihn handscheu. Aber Schläge sind sowieso kein Hilfsmittel bei der Hundeerziehung! Niemals dürfen wir unseren Hund strafen, wenn er zu uns kommt. Ist er bei einem Spaziergang ausgerissen und auf unser Rufen und Pfeifen nicht gekommen, kehrt dann aber (zum Glück) doch zu uns zurück, dann darf man ihn nur loben. Mag unser Zorn noch so groß sein über den Ungehorsam, wenn wir ihn strafen würden beim Zurückkommen, würde er die Strafe nur auf die letzte Handlung, also auf das Kommen zu seinem Herrn, beziehen. Nie wieder würde er dann freiwillig zu uns kommen! Er hätte das Vertrauen verloren. Dies ist dann der Fall, wenn Hundebesitzer klagen: »Nein, meinen Hund kann ich nicht von der Leine losmachen, der kommt ja nicht wieder.«

Kommandos »Sitz« und »Platz«

Es ist angenehm, einen Pudel zu haben, der Anstand hat, das heißt, gut erzogen ist. Darunter versteht man, daß er von seinem Besitzer die wichtigsten Kommandos gelernt hat und diese auch befolgt. Im Restaurant macht es einen guten

»Sitz!« Auch diese drei Sieger Nuschi, Snobbi und Nadja, »der schwarze Joker«, sind wohlerzogen und folgsam. Besitzer: S. Kalina.

Eindruck, wenn der Pudel sich wie selbstverständlich unter den Tisch legt und dort auch bleibt.

Die leichteste Übung für einen Hund ist, sich auf Kommando hinzusetzen. Oft am Tage setzt er sich ja von selbst bei den verschiedensten Gelegenheiten hin. Wir werden daher auch sehr schnell zum Ziel kommen. Wir rufen den Hund zu uns und streicheln ihn. Dann sagen wir »Sitz!«. Dabei halten wir ihn mit der rechten Hand am Halsband unter der Kehle fest und drücken gleichzeitig mit der linken Hand das Hinterteil des Hundes nach unten. Ohne Hast oder Eile. Sitzt der Pudel, wird er gelobt! Dieses Kommando erlernt er am besten in der Wohnung. Genau wie bei der Übung »Hier!« geben wir nur drei- bis viermal hintereinander dieses Kommando und hören dann auf. Später oder am nächsten Tag üben wir erneut. Wollen wir, daß unser Pudel sich hinlegt, so verwenden wir das Wort »Platz!«. Wieder rufen wir zuerst unseren Hund zu uns heran und loben ihn. Dann sagen wir energisch »Platz!«. Dabei drücken wir den Hund zu Boden. Dies gelingt am besten, wenn unsere rechte Hand auf dem Widerrist (Nacken) liegt und die linke Hand auf der Kruppe (Rückenende). Nicht immer schaffen wir es gleich, unseren Hund auf den Boden herunterzudrücken. Er sträubt sich gegen die Zwangseinwirkung bei dieser Übung und verkrampft sich. Läßt sich unser Hund nicht herunterdrücken, ziehen wir ihm mit unserer rechten Hand die Vorderbeine vor und drücken ihn, mit der Linken auf der Kruppe, zu Boden. Liegt er auf dem Boden, loben wir ihn ganz besonders. Dann lassen wir ihn aufspringen. Er wird Freudensprünge der Erleichterung tun, daß er den Zwang los ist. Wir versuchen noch zwei- bis dreimal die Übung »Platz«, dann hören wir vorerst damit auf. Wenn wir am Tag darauf neu beginnen, wird es unserem gelehrigen Schüler vielleicht schon Spaß machen, uns durch Gehorsam dabei zu überraschen. Es versteht sich von selbst, daß dies in der Wohnung geübt wird. Beherrscht unser Pudel die Kommandos »Sitz« und »Platz« und führt er sie gern und freudig aus, können wir ihm weiteren Gehorsam beibringen. Zum Beispiel auf seinen Lagerplatz zu gehen, wenn wir dies wünschen. Hierfür suchen wir uns ein passendes Wort aus. Vielleicht verwenden wir »Körbchen!« oder »Bettchen!«. Wir führen jetzt unseren Pudel zu seinem Platz (Korb, Couch oder Sessel, je nachdem wo sich sein Lager befindet) und sagen »Körbchen!« (oder ähnliches). Dabei drücken wir den Pudel auf das Lager, genau wie bei der »Platz«-Übung, und loben ihn anschließend. Eine Weile bleiben wir bei ihm und hindern ihn am Aufstehen. Dabei sagen wir immer wieder »Körbchen!«. Dann brechen wir mit viel Lob diese Lektion ab und wiederholen sie am folgenden Tag.

Erziehung zur Ruhe

Unnötiges Bellen gewöhnen wir ihm nicht ab, sondern: Das Bellen dürfen wir ihm nicht angewöhnen! Der Welpe wird am Anfang fürchten lassen, er könne gar nicht bellen. Solange dauert es, bis er dies zum ersten Mal tut. Meist sind seine Besitzer dann darüber so erleichtert, daß sein Bellen mit großem Beifall aufgenommen wird. Dies ist schon der Anfang einer Gewöhnung! Der Welpe lernt sofort: Mit Bellen errege ich Aufmerksamkeit, dann bin ich bei meinen Leuten sofort der Mittelpunkt. Also bitte, das Bellen nicht als besondere Leistung ansehen. Bellt der Junghund später, weil er etwas meldet, erlaubt man ihm nur ein einmaliges Anschlagen. Sofort nach einmaligem Bellen ertönt ein scharfes »Pfui!«, und man ruft den Pudel zu sich und lobt mit »Brav«. So gibt man ihm zu verstehen, daß seine Aufmerksamkeit geschätzt wird, mehr aber auch nicht.

Verhalten gegenüber Besuchern und Gästen

Unser Pudel erfüllt nicht nur die Aufgabe eines Gesellschafters, sondern wir verlangen von ihm auch, daß er wachsam ist. Zu welchem Verhalten sollen wir unseren Pudel erziehen, wenn Besucher oder Gäste kommen? Besucher kommen meist unangemeldet. Der Hund hat auf das Klingeln hin angeschlagen (vielleicht

schon vorher durch Knurren angezeigt, daß jemand kommt) und ist zur Tür gelaufen. Jetzt gehen wir ebenfalls zur Tür. Dabei darf der Pudel nicht mehr bellen. Er darf sich auch nicht »vordrängeln«, wenn wir die Tür öffnen. Daher sagen wir zu ihm »Sitz!«. Bevor wir den Besucher in die Wohnung lassen, müssen wir unserem Hund verständlich machen, daß dieser Besucher eintreten darf. Dabei benutzen wir einen Ausdruck, der bei gleichen Fällen stets wieder gebraucht wird. Vielleicht »Es ist gut«. Dies wird mit freundlicher, aber bestimmter Stimme gesagt, so daß der Pudel weiß, er hat sich passiv und nicht angreifend zu verhalten. Ist der Besucher eingetreten, geben wir unserem Hund die Gelegenheit, dessen Geruch aufzunehmen. Damit ist seine Neugier gestillt, und er ist beruhigt. Jetzt verweisen wir ihn scharf auf seinen Platz. Dort hat er zu bleiben, bis der Besucher wieder fortgeht. Es sei denn, er wird ausdrücklich dazugerufen. Ist der Besucher wieder aus dem Haus, rufen wir den Hund zu uns und loben ihn.
Anders ist es meist, wenn Gäste kommen. Sie wurden von uns eingeladen, und wer einen Pudel hat, dessen Bekanntenkreis besteht zum großen Teil aus Hundefreunden. Daher ist zwischen Gästen und Hund oft auch ein herzliches Freundschaftsverhältnis. Wenn die Stunde naht, zu der die Gäste erscheinen, wird unser Pudel von unserer eigenen Aufregung angesteckt sein und hippelig werden. Wir sperren ihn deshalb solange in einen Raum (vielleicht in das Schlafzimmer) und sagen ihm, er soll artig warten, bis alle Gäste eingetroffen sind. Danach holen wir unseren Hund auch dazu. Hat er alle Gäste begrüßt, wird er auf seinen Platz verwiesen. Die Besucher werden gebeten, dem Pudel nicht zu große Beachtung zu schenken. Sonst gerät er vor Eitelkeit vielleicht außer Rand und Band.

Umgang mit Kindern

Es gibt nichts Schöneres für Kinder, als mit einem Hund aufzuwachsen! Es ist eine Bereicherung für das ganze Leben. Der Pudel muß aber dann von den Eltern angeschafft werden als Gefährte und Freund. Die Eltern unterweisen die Kinder in der Aufzucht und Haltung eines Hundes, indem sie ihnen außer der Erlaubnis, mit dem Pudel spazierenzugehen, auch kleine Pflichten auferlegen, zum Beispiel das Hundefutter einzuholen und sich nach einem festen Wochenplan an der Fellpflege zu beteiligen. So lernen sie spielend, die Verpflichtung für ein Lebewesen zu übernehmen. Gleichzeitig werden sie aber soviele herrliche Dinge mit ihm erleben, von denen noch später, im Erwachsenenalter, gezehrt werden kann.

Spazierengehen — Anleinen oder frei laufen

Spazierengehen, das ist das Zauberwort für unseren Hund und das schönste tägliche Erlebnis. Außer den notwendigen Gassigängen braucht unser Pudel mindestens eine Stunde uneingeschränkte Bewegungsfreiheit am Tag. Um ihm dies zu ermöglichen, ist es notwendig, in der Nähe unserer Wohnung eine geeignete Anlage oder Hundewiese ausfindig zu machen, wo er vor der Gefahr des Autoverkehrs geschützt ist. Solange der Welpe noch klein ist, 8 bis 12 Wochen etwa, können wir ihn auf einem Hundespielplatz ohne Leine laufen lassen, weil er aus seinem Folgeinstinkt heraus uns nachläuft. Allerdings müssen wir ihn ständig unter Beobachtung halten, sonst folgt er anderen, sich bewegenden Menschenbeinen. Wenn er etwas älter ist, findet er sein Selbstbewußtsein und kommt in das »Flegelalter«. Jetzt ist er unberechenbar, wenn wir ihn von der Leine losmachen. Vor Lebensfreude und Übermut kann er plötzlich davonrennen, auf eine Straße gelangen und überfahren werden. Deshalb nehmen wir dort, wo solche Gefahr besteht, den Junghund an die mit einer Schnur verlängerten Leine.

Auf die Pfoten unseres Pudels müssen wir auch im Winter achten, wenn nach Schneefall oder bei Glatteis Salz gestreut wird. Vor dem Ausgehen sollten wir die Pfoten mit Vaseline einreiben. Nach der Rückkehr sofort mit lauwarmem Wasser säubern, vorsichtig abtrocknen und wieder mit Vaseline einreiben. Wenn wir auf den Gehwegen sehen, daß größere Mengen Salz auf einmal hingestreut sind, dann lassen wir unseren Pudel darum herumgehen oder wir tragen ihn darüber weg. Das Salz ist für die Hundepfoten sehr schädlich und schmerzt die Tiere erheblich.

Bei-Fuß-Gehen. Mit dem Hund auszugehen macht keine Freude, wenn er an der Leine mal zieht, mal hinterherbummelt, plötzlich vor unseren Füßen auf die andere Seite wechselt oder wie festgewurzelt an einer Stelle schnüffelt. Es ist dann an der Zeit, mit der Übung »Bei Fuß« Abhilfe zu schaffen. Ist unser Pudel etwa 6 bis 8 Monate alt geworden, können wir damit anfangen. Zunächst müssen wir aber wissen, daß ein Hund stets links zu führen ist (Regel Nummer 1 in der Hundeerziehung und -ausbildung). Wir halten also die Leine in der linken Hand, der Hund geht an unserer linken Seite. Nachdem er sich gelöst (seine Geschäfte verrichtet) und seinen Bewegungsdrang befriedigt hat, beginnen wir mit der Übung. Das Kommando »Fuß!« bedeutet für den Hund, in dem gleichen Tempo, das sein Besitzer einhält, neben ihm herzugehen. Dabei ist die Schulter des Hundes in der Höhe unseres linken Knies. Er darf weder vorpreschen noch bummeln. Wir nehmen jetzt die Leine etwas knapper, sagen »Fuß« und geben einen solchen Leinenruck, daß der Hund die gewünschte Haltung neben unserem linken Knie einnimmt. Jetzt gehen wir energisch weiter und sagen immer wieder »Fuß!«, »Fuß!«. Bummelt der Hund, ziehen wir ihn mit einem Leinenruck und dem Wort »Fuß!« vor, prescht er nach vorn, ziehen wir ihn mit einem Leinenruck zurück und sagen »Fuß!«. Diese Art der Einwirkung auf unseren Hund soll zwar

energisch sein, sie darf aber nicht in Tierquälerei ausarten. Sind wir hundert Meter auf diese Weise mit ihm gegangen, so bleiben wir stehen, sagen zu ihm »Sitz!« und streicheln und loben unseren braven Hund sehr intensiv. Die Übung wird sodann abgebrochen und auf dem Heimweg noch einmal geübt.
Der Pudel wird sehr schnell lernen, was das Kommando »Fuß!« bedeutet. Schon nach wenigen Tagen macht das Ausgehen mit ihm große Freude. Allerdings darf nun der Hund nicht während der ganzen Zeit, die er an der Leine geht, unter den Zwang des Bei-Fuß-Gehens gestellt werden, das wäre Quälerei. Aber immer dann, wenn die Situation es erfordert oder der Pudel wieder anfängt, den Herrn auszuführen anstatt umgekehrt, dann sollte man für ein paar Minuten Bei-Fuß-Gehen verlangen. Nach einiger Zeit kann diese Übung dann ohne Leine ausprobiert und bis zum Können geübt werden. Das hat aber auf dem Hundespielplatz zu erfolgen, nicht auf der Straße. Beherrscht unser Pudel diese Übung perfekt, gehen wir noch einen Schritt weiter. Wir üben mit ihm, daß er sich links neben uns zu setzen hat, wenn wir stehenbleiben. Zuerst wird mit der Leine geübt und mit dem Kommando »Sitz!«, sobald wir stehenbleiben. Später, wenn unser Pudel es schon fast unaufgefordert macht, üben wir es ohne Kommando. Dies ist ein wichtiges Hilfsmittel im Großstadtverkehr. Solche Übungen machen aber auch Herrn und Hund viel Freude.

Verhalten bei Begegnungen mit anderen Hunden. Zur natürlichen Entwicklung des sozialen Verhaltens muß der Welpe so oft wie möglich mit Artgenossen zusammenkommen. Der Hund ist kein Einsiedler, seine natürliche Lebensform ist die Meute. Wenn er auch Gesellschaft an seiner Menschenfamilie hat, so ist sie doch keine artentsprechende. Nur dann, wenn ein junges Lebewesen unter seiner Art heranwächst, wird es auch artgetreues Verhalten zeigen. Auf unseren Pudel bezogen heißt das: Trifft er täglich oder zumindest häufig mit anderen Hunden zusammen, so entwickelt er sich zu einem mit anderen Hunden äußerst verträglichen Tier. Halten wir ihn aber von anderen Hunden fern, kann sich seine Veranlagung nicht richtig entwickeln. Solche Hunde werden aggressiv oder überängstlich, sie zeigen also typisches Fehlverhalten. Daher dürfen wir auch einen Zwergpudelwelpen, und ist er noch so klein, nicht auf den Arm nehmen. Hoch oben auf dem Arm und im Schutze seines Besitzers verhält sich so ein Pudel ganz anders als auf seinen vier Beinen, in natürlicher Größe und naturhafter Haltung vor dem Artgenossen. Auf dem Arm wird er keifen, es kann ihm ja keiner etwas tun, also kann er frech sein. Am Boden hätte er sich still und ruhig wie ein normaler junger Hund verhalten. Der andere hätte ihn dann als solchen erkannt und mit wohlwollender Gleichgültigkeit bedacht.
Also, Mut, liebe Pudelbesitzer, halten Sie Ihren Liebling nicht von anderen Hunden fern. Ermöglichen Sie ihm auch eine gesunde seelische Entwicklung und Freude am Spielen mit seinesgleichen.

Bei der Mannarbeit. Großpudelhündin »Heidi von der Papenburg« ist eifrig bei der Sache.

Verhalten des Pudels im Wald. Bei den ersten Waldspaziergängen mit unserem Pudel müssen wir ihn auf den eventuell verbliebenen Jagdinstinkt hin testen. Was tut er, wenn er plötzlich auf eine Hasen- oder Wildspur trifft? Wie verhält er sich beim Gang durch Felder, wenn unvermutet vor ihm ein Fasan aufflattert? Das alles müssen wir erst herausfinden, um uns später danach richten zu können, ihm im Wald und auf Feldern mehr oder weniger Freiheit zu geben. Es ist daher ratsam, seinen Pudel bei Waldspaziergängen nicht aus den Augen zu lassen. Sehen wir, daß er aufgeregt auf dem Waldboden eine Spur aufgenommen hat, die er verfolgen will, so müssen wir ihn sofort energisch mit »Hier!!!« zurückrufen oder mit dem Pfeifsignal zurückpfeifen. Im Naturschutzgebiet dürfen wir unseren Pudel auf keinen Fall ohne Leine laufen lassen. Dorthin hat sich unser heimisches Wild zurückgezogen. Es darf durch Hunde nicht gestört werden. Ein wildernder Pudel kann auch durch den Förster vielleicht abgeschossen werden.
Der Pudel — ein »Wasserhund«. Fast alle unsere Pudel besitzen bis zum heutigen Tage eine große Leidenschaft für das Wasser. Also Vorsicht bei Sonntagsspaziergängen, wenn diese uns in die Nähe von Teichen, Tümpeln, Bächen, Flüssen oder die See führen! Wir können unseren Pudel kaum davon abhalten, ein Bad zu nehmen. Das Bad schadet ihm nicht, wenn er danach die Möglichkeit hat, sich trockenzulaufen. Aber das unsaubere Fell würde das Auto verschmutzen. Ist man mit der Bahn oder dem Bus unterwegs, wäre der schmutzige Hund eine Belästigung (und Belustigung) der Mitfahrer. Herrlich ist es für einen Pudel, ins Wasser zu dürfen. Es dient der Gesundheit aller, wenn die Familie im Sommer mit an ihm an die See fährt. Es gibt sowohl an der Nord- wie an der Ostsee Strandgebiete, an denen mit Hund gebadet werden darf. Wie schön sind Wattwanderungen oder gemeinsames Schwimmen von Familie und Hund. Es sind Stunden voller Lebensfreude!

Die Pflege des Pudels

Kleider machen Leute — schön ist nur der gepflegte Pudel! Welche Frisur er trägt, das liegt in der freien Entscheidung seines Besitzers. Mit Kamm und Bürste stets sorgsam in Ordnung gehalten, ist jede Frisur für das Auge gefällig, mag sie vielleicht auch den Vorschriften nicht entsprechen. Wenn wir unseren Welpen mit 8 bis 10 Wochen vom Züchter abholen, hat er ihm schon das Gesicht ausgeschoren. Die blanken Augen können ungehindert in die Welt blicken, ohne daß Zotteln zum Tränenfluß reizen. Der Bart ist gestutzt. Nach dem Essen mit einem Tuch abgerieben, ist das Schnäuzchen wieder sauber. Unter dem Schwanz ist die Wolle vorsichtig weggeschnitten. Es muß immer gut aufgepaßt werden, daß an diesen Stellen keine Verklebung und damit Entzündungen entstehen können. Jetzt schon dem Welpen einen modernen Haarschnitt zu geben, wäre viel zu früh und gesundheitsschädlich. Er braucht rundherum sein warmes Kleid. In diesem zarten Alter ist auch Baden für seine Gesundheit nicht zuträglich. Bei Bedarf kann man ihn mit Trockenshampoo behandeln, das im Fachhandel erhältlich ist. Es wird nach Vorschrift in das Fell eingestreut, eingerieben und

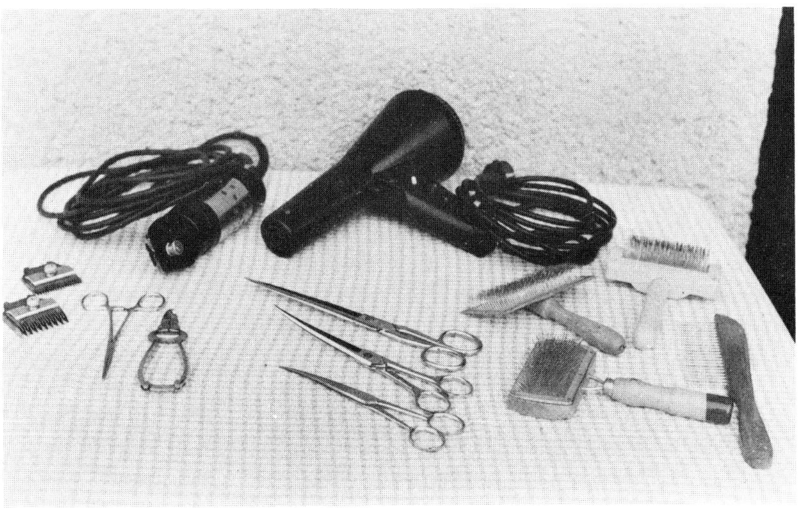

Pflege-Set für den Pudel.

dann ausgebürstet. Und damit sind wir bereits beim A und O der Pudelpflege, dem Bürsten. Ein Pudel wird nie auf dem Fußboden stehend oder sitzend gepflegt, sondern stets auf einem Tisch, auf seinem Tisch. Als Standort suchen wir uns einen Platz mit guten Lichtverhältnissen und ausreichender Bewegungsfreiheit für unsere Arbeit. Der Tisch muß fest stehen. Ist er wackelig, steht unser Pudel nicht still. Als Auflage auf dem Tisch benutzen wir ein Stück Teppichboden, das durch die Gummierung unterwärts fest aufliegt. So haben die Pudelfüße auch festen Halt. Dieser Tisch soll möglichst immer an der gleichen Stelle stehen. Gewöhnung ist schon halbe Erziehung.

Für die sachgemäße Fellpflege besorgen wir uns aus dem Fachhandel eine Spezialbürste für Pudel. Diese ist aus Plastik (oder Holz) und hat auf einer rechteckigen Fläche, dicht nebeneinander stehend, dünne Drahtborsten, die an den Enden hakenartig gebogen sind. Weiter benötigen wir einen Kamm. Aus eigener Erfahrung möchte ich hier einen weitzinkigen Kamm mit einem festen Holzgriff empfehlen. Ist der Kamm zu fein, »ziept« das Kämmen. Bei dem Kamm mit weit auseinanderstehenden Zinken »rutscht« das Haar besser hindurch. Unser Pudel wird jeden Tag gebürstet. Dies ist notwendig, damit im Fell keine »Kletten« entstehen können. Sie bilden sich schnell. Schon nach wenigen Tagen Pause in der Pflege sind sie nicht mehr durch einfaches Bürsten zu entfernen. Werden sie gewaltsam ausgekämmt, ist das für unseren Hund sehr schmerzhaft und für den Pudelfriseur Knochenarbeit. Also, jeden Tag bürsten! Anschließend mit dem Kamm prüfen, ob das Fell auch überall locker und keine Klette nachgeblieben ist. Schon am zweiten Tag in seinem neuen Zuhause wird unser Pudel zum ersten Mal feingemacht. Wir nehmen ihn auf den Arm und sagen ihm den Ausdruck, den wir hierfür später immer benutzen wollen. Bei meinen Pudeln heißt das »Hübschmachen«. Nun streicheln wir unseren Pudel und stellen ihn auf den Tisch. Dabei benutzen wir das Kommando »Steh!« Es wäre für Hund, Besitzer und Pudelfriseur wünschenswert, daß jeder Pudel dieses Kommando lernen würde. Ein Hund, der auf dem Tisch bei der Pflege unruhig ist, sich hinsetzt oder mit der Pfote die Bürste festhält oder andere Mätzchen macht, ist eine Plage. Wir verlangen also von unserem Pudel ein ruhiges, gehorsames Verhalten auf dem Tisch während der Pflege. Dabei ermahnen wir ihn immer wieder mit einem energischen »Steh!« und stellen ihn dabei hin. Mit dieser Erziehung beginnen wir gleich am ersten Tag, an dem wir ihn zum ersten Mal selbst feinmachen.

Bei dem noch kleinen Welpen müssen wir aufpassen, daß er uns nicht vom Tisch springt oder herunterfällt (Knochenbruchgefahr!). Daher stellen wir ihn im Profil vor uns hin, der Kopf zeigt von uns aus gesehen nach links. Jetzt greift unsere linke Hand von vorn zwischen seinen beiden Vorderbeinen hindurch, die Handfläche nach oben gedreht, halten wir ihn unter der Brust fest. Mit der rechten Hand bürsten wir nun. Fängt unser Hund an zu zappeln, kann ihm bei dem festen Griff nichts passieren. Wir sagen auch sofort energisch »Steh!« und stellen ihn entsprechend hin. Haben wir die linke Körperseite gebürstet, drehen wir ihn herum, sein Kopf zeigt jetzt nach rechts (oder wir stellen uns auf die andere Tischseite). Jetzt schieben wir unsere linke Hand von hinten zwischen seinen Hinterbeinen hindurch und legen die nach oben gedrehte Handfläche auf seinen Bauch (bei Linkshändern bitte umgekehrt). Nun können wir seine rechte Körperhälfte bürsten. Trotz des energischen Kommandos »Steh!« sprechen wir unserem Pudel liebevoll zu und erklären ihm viele Male, wie schön er sei und wie lieb wir ihn hätten. Zwar sind unsere Pudel durch Generationen hindurch gewöhnt, geduldig die Fellpflege zu ertragen, aber nicht jeder Hund hat das Temperament danach. Alle Pudel aber, ohne Ausnahme, können sich vor Stolz und Freude gar nicht mehr fassen, wenn sie dann fertig gebürstet sind und vom Tisch herunter dürfen. Dies ist der Augenblick, ihnen stets eine Belohnung zu geben. Am Anfang kann bei unserem noch recht ungebärdigen Welpen das Fell nur oberflächlich durchgebürstet werden. Das macht aber nichts. Es ist noch nicht so dicht wie später das Fell des erwachsenen Pudels. Wichtig ist nur die Gewöhnung an das brave Verhalten auf dem Kämmtisch. Es dauert auch gar nicht lange, dann hat er sich an den Tisch gewöhnt, und wir können wie folgt verfahren: Wir fangen bei der Krone (dem Haarschopf auf dem Kopf) an. Wir bürsten das Haar erst nach hinten, dann nach vorn und gehen anschließend mit dem Kamm von vorn nach hinten durch und legen das Haar in Form einer Haube zurecht. Bitte die Krone nicht aus der Stirn kämmen, sondern ein wenig nach vorn ziehen. Jetzt bürsten wir vorsichtig die Ohren. Erst von innen, dazu klappen wir das Ohrleder um, dann von außen. Bitte mit leichter Hand arbeiten! An den Ohren sind alle Pudel empfindlich. Jetzt ziehen wir das linke Vorderbein ein wenig vor und heben es gleichzeitig etwas an. In dieser Stellung (wir halten es mit der linken Hand) bürsten wir von unten gegen den Strich die Haare bis oben zur Schulter durch. Anschließend umgekehrt, mit dem Strich, von oben nach unten. Dann lassen wir das Bein los, und der Pudel setzt es wieder normal auf. Nun nehmen wir den Kamm und gehen diese ganze, soeben gebürstete Partie vorsichtig durch und prüfen, ob keine Kletten geblieben sind. Ist unsere Prüfung zur Zufriedenheit ausgefallen, kommt das rechte Vorderbein an die Reihe. Dann geht es an die Hinterbeine. Zuerst machen wir uns an das linke Hinterbein. Wir ziehen es ganz wenig nach hinten weg und heben es etwas an. Jetzt bürsten wir wieder von unten nach oben, also gegen den Strich, und dann von oben nach unten mit dem Strich. Jetzt kommt anschließend wieder der prüfende Kamm. Zum Schluß bürsten und kämmen wir die Haare unter der Brust und den Pompon an der Rute, wenn unser Pudel einen solchen hat. Besonders leicht verfilzen folgende Stellen: hinter den Ohren, vorn zwischen Brust und Vorderbein, an den Ellenbogen, auf den Schenkeln.

Das tägliche Bürsten unseres Pudels sollte in die Zeit vor seinem großen (mindestens einstündigen) Spaziergang gelegt werden. Dadurch erreichen wir, daß unser Hund die Pflege mit etwas Angenehmem verknüpft, nämlich dem Ausgehen, und voller Freude auf das Kommando »Hübschmachen« kommt.

Das Baden

Das Baden gehört zum Pudel wie seine Fellpflege. Nur dann kann ein Pudelhaarschnitt tadellos aussehen, wenn der Hund vorher gewaschen worden ist und sein Fell sachgemäß getrocknet wurde. Baden und Scheren sollten daher in einer Hand liegen, beim Pudelfriseur.

Da es trotzdem einmal vorkommen kann, daß man seinen Pudel aus irgendwelchen Gründen selbst waschen muß oder will, sei hier eine Anleitung dazu gegeben. Niemals einen Hund zu warm waschen! Das Wasser darf nur lauwarm sein. Das Baden muß in einem warmen, zugfreien Raum geschehen, ebenso das Trocknen. Shampoo verwenden, das vorher mit warmem Wasser 1:5 verdünnt wurde. Einen Eimer und Essig bereitstellen für das Nachspülen mit Essigwasser. Genügend viele trockene Frotteehandtücher bereitlegen. Einen Fön zur Verfügung und viel Zeit und Ruhe haben. In die Badewanne legen wir eine rutschfeste Matte. Wir mischen das Wasser zu lauwarmer Temperatur und stellen die Brause an. Jetzt heben wir unseren Pudel in die Wanne und stellen ihn auf die Matte. Er wird sehr gelobt! Nun prüfen wir noch einmal das Wasser aus der Brause. Hat es die richtige Temperatur, wird unser Pudel vorsichtig, aber bis auf die Haut, naß gemacht. Zum Schluß kommt der Kopf an die Reihe. Damit kein Wasser in die Ohren laufen kann, drücken wir die Ohren fest an den Kopf, wenn wir die Krone mit der Brause bearbeiten. Wir nehmen die Ohren vorsichtig hoch und halten sie nach vorn, wenn wir den Nacken brausen oder den Hals an der Kehle. Ist der Pudel überall bis auf die Haut naß, stellen wir die Brause ab. Das vorbereitete 1 : 5 gemischte Shampoo wird jetzt vorsichtig auf den Pudel gegossen. Immer etwas auf eine Stelle, die wir dann wie einen Pullover behandeln und ausdrücken. So geht es Stück für Stück. Als letztes waschen wir die Krone und den Fang mit dem Bart. Vorsicht mit den Augen! Die Ohrfransen können wir vorsichtig reiben wie Strümpfe. Alles bitte mit Ruhe, Umsicht und Geduld tun.

Wenn wir unseren Pudel shampooniert haben, wird er mit der Brause abgespült. Das Haar ist dann seifenfrei, wenn es unter den Fingern quietscht oder knarrt. Haar, das sich seidig anfaßt, ist meist noch voll Seife. Zur Vorsicht spülen wir daher mit Essigwasser nach. (Lauwarmes Wasser, etwa 2 bis 3 Eßlöffel Essig auf einen normalen Eimer voll Wasser.) Ist das Bad des Pudels beendet, lassen wir ihn zunächst noch in der Wanne stehen und drücken sein Fell aus, indem wir die Hand fest auf die vollen Haarpartien legen. Dann heben wir den Pudel aus der Wanne. Er darf sich ausgiebig schütteln. Nun setzen wir ihn auf seinen Kämmtisch, mit einem dicken Handtuch unter ihm. Mit einem anderen wird er tüchtig trockengerubbelt. Jetzt kommt der Fön. Diesen nehmen wir in die linke Hand. Mit der rechten Hand bürsten wir dort, wohin wir den Fön halten. Wir erreichen damit, das Pudelhaar während des Trocknens lang auszuziehen. Dadurch bekommt es Fülle und »steht«. Lassen wir den Pudel nur in Badetücher eingewickelt trocknen, liegt sein Fell glatt an. Ist es danach ausgekämmt, hat es ein unschönes, zotteliges Aussehen. Also, der Trick des duftigen Pudelhaars ist das Trockenfönen bei gleichzeitigem Ausbürsten. Nach dem Bad darf der Pudel nur kurz nach draußen. Deshalb empfiehlt es sich, den Hund am Nachmittag oder frühen Abend zu baden, bis zum nächsten Morgen ist das Haar dann genügend getrocknet. Man sagt nämlich, das Haar brauche dazu 24 Stunden.

Das Scheren

Damit ein Pudel immer gepflegt aussieht, bringen wir ihn etwa alle 4 bis 6 Wochen zum Pudelfriseur. Dort wird er gewaschen und geschoren. Ganz gleich, welche Frisur unser Pudel trägt: In dieser Zeit ist das Haar an allen Körperstellen so weit nachgewachsen, daß der Schnitt die Form verloren hat. Auch läßt sich das inzwischen schmutzig gewordene Haar nicht mehr gut pflegen. Bevor wir unseren Pudel zum Friseur bringen, kämmen wir ihn besonders gut durch und entfernen auch die kleinste Klette. Unseren Welpen bringen wir zum Pudelfriseur, damit das Gesicht ausgeschoren, soweit dies nötig ist, und das Fell an den Spitzen gestutzt und in Form gebracht wird. In den warmen Jahreszeiten kann unser Pudel dann mit etwa 4 bis 5 Monaten seinen ersten Schnitt und sein erstes Bad erhalten. Am empfehlenswertesten ist der sogenannte Babyschnitt. Dazu bleibt die Wolle außer im Gesicht überall stehen und wird nur gekürzt und den Konturen des Pudels angepaßt. Mit 6 bis 9 Monaten erhält unser Pudel die Frisur, die sein Besitzer für ihn passend findet, die moderne Schur oder die alte Löwenschur. Noch ist das Pudelhaar weich, es läßt sich also noch nicht so gut zurechtmachen, wie man es sich vorgestellt hat. Doch Geduld, ein halbes Jahr später ist es schon ganz anders, und eines Tages stöhnt man dann vielleicht »Oh, diese Wolle, die mein Pudel hat! Nicht durchzukommen!«. Für den Winter bleibt das Haar etwas länger stehen, damit sich unser Pudel nicht erkältet. Ein wenig mehr eigenes Haar hält ihn viel besser warm als ein gekauftes Mäntelchen.

Pudel ohne Herrchen

Allein zu Hause

Einer der Gründe, weshalb sich Stadtmenschen einen Hund zulegen ist, »weil es Abwechslung bringt«. So geschieht es dann leider häufig, daß Herrchen und Frauchen tagsüber arbeiten, der Hund aber allein in der Wohnung zurückbleiben muß. Man tröstet sich dabei und meint, wenn man abends daheim sei und den ganzen Samstag und Sonntag mit dem Hund gemeinsam verbringen könne, so sei es nicht weiter schlimm, den Hund von Montag bis Freitag allein zu lassen. Der Fehler, den man dem Hund gegenüber begeht, liegt darin, daß man ihn von der menschlichen Warte aus beurteilt. Der Hund verfügt aber nicht über Einsichtigkeit wie der Mensch. Er kann nichts voraussehen und die Tage in Erwartung des Wochenendes geduldig allein verbringen. Der Hund richtet sein Verhalten nach Naturinstinkten. Sein Gehirn kann keine Denkvorgänge leisten. Es ist anders konstruiert als das menschliche Gehirn. Die Lebensform des Hundes ist die Meute. Das Leben in der Meute ist ein Leben in Gesellschaft. Sich aus der Meute entfernen, bedeutet, nicht wieder aufgenommen zu werden, also Isolierung. Der

Einen Tag nach erfolgreich besuchter Ausstellung in Monte Carlo. Champion »Yypsy von der Unterhavel«, eine apricotfarbene Zwergpudelhündin.

Hund, dessen Besitzer berufstätig sind und ihn allein lassen, wird gezwungen, gegen diese Naturinstinkte zu leben. Das ist Tierquälerei. Der Hund kann sich gegen dieses Leben wider seine Instinkte nur zur Wehr setzen. Das geschieht, indem er bellt, jault oder winselt.
Hier sollte man ernsthaft überlegen, ob es nicht eine Tages-Patenstelle für das Tier gibt. Viele ältere Leute hätten gern einen »Hund auf Zeit«. Auch ältere, tierliebende Kinder würden gewiß die Tagesbetreuung übernehmen. Auf diese Weise wäre der Hund, dessen Besitzer berufstätig sind, allerbestens aufgehoben. Es macht ihm auch nichts, plötzlich zwei Besitzerfamilien zu haben. Sein wirkliches Zuhause kann er wohl von seinem Ersatzheim unterscheiden. Vielleicht kann man eine solche Patenschaft über die Lokalzeitung finden.

Mit dem Pudel im Urlaub und auf Reisen

Urlaubszeit — das ist jedes Jahr für manchen Hund eine bittere Zeit. Die Erfahrungen haben gelehrt, daß es eine nicht unerhebliche Anzahl Hundebesitzer gibt, die dieses Problem dadurch lösen, daß sie ihren Hund weitab von zu Hause einfach aussetzen und weiterfahren, ihrem Urlaubsziel entgegen. Das ist die krasseste Art der Mißachtung eines Hundes und außerdem ein Verstoß gegen das Tierschutzgesetz. Andere geben ihren Hund in Pension. Oft ohne zu wissen, wie er dort untergebracht ist. Sie sind heilfroh, eine Unterbringungsmöglichkeit gefunden zu haben. Ihr Gewissen wollen sie damit nicht belasten, bei näherem Nachschauen vielleicht nicht angemessene Voraussetzungen vorzufinden. Es gibt aber auch Pudel, die so sensibel sind, daß sie trotz der allerbesten Unterbringung in einer Hundepension aus Heimweh erkranken, vielleicht sogar schwer erkranken.
Sehr viel besser ist es dann schon, wenn jemand aus dem Verwandten- oder Freundeskreis den Hund in Pflege nimmt oder in der Wohnung seiner Besitzer einhütet und gleichzeitig den Pudel betreut. Dann bleibt dem Hund während der Abwesenheit seiner Besitzer wenigstens die gewohnte Umgebung erhalten. Der Idealfall ist und bleibt aber immer: zusammen mit dem Hund zu verreisen.
Mit der Reisegesellschaft. Neuerdings kann unser Pudel auch bei solchen Reisen mitgenommen werden. Unternehmen bieten jetzt im Autofahrer- und Bahnprogramm »Pauschalurlaub für Vierbeiner« an. Darüber wird sicher mancher Pudelbesitzer erfreut sein.
Der Pudel im Auto. Machen wir die Reise im Auto, sitzt der Hund hinten. Man nimmt ihm vor der Fahrt das Halsband ab. Selbstverständlich bindet man ihn mit der Leine im Auto nicht an. Bei einem plötzlichen Bremsen zum Beispiel könnte er sich aufhängen. Dem Pudel wird auf keinen Fall erlaubt, den Kopf aus dem fahrenden Auto oder aus dem geöffneten Schiebedach zu stecken. Er bekäme sofort entzündete Augen. Will man über die Landesgrenze fahren, kann er

eventuell für krankheitsverdächtig gehalten werden, womit einem die Einreise erschwert wird. Eine Flasche Wasser, Dosenfutter und zwei Schüsseln — eine für das Wasser, eine für das Essen — nehmen wir für unseren Pudel mit. Nur den Dosenöffner nicht vergessen! Die Pausen, die man selbstverständlich für den Pudel einlegen muß, sind auch für Fahrer und Mitfahrer eine gute Entspannung. An der Autobahn den Hund immer anleinen.

Der Pudel in der Bahn. Auf Bahnreisen kann man ihn auch ohne Schwierigkeiten mitnehmen. Er fährt auf Kinderfahrkarte. Auch in den Schlafwagen kann er mit, wenn er brav erzogen ist und die Mitreisenden nicht stört. Verboten ist das Betreten eines Speisewagens mit einem Hund. Bei längeren Reisen nicht oder wenig füttern!

Der Pudel im Flugzeug. Bei manchen Flügen kann ein kleiner Pudel auch in der Tasche untergebracht in der Kabine mitreisen. Sonst fliegt er in vorschriftsmäßigen Kisten im Frachtraum mit. Vor beabsichtigtem Antritt der Reise bei der Fluggesellschaft erkundigen. Bei Charterflügen wird kein Hund mitgenommen.

Der Pudel an Bord eines Schiffes. Auf Fährschiffen, Flußschiffen und ähnlichem kann ein Hund stets mitgenommen werden. Auch nach Übersee kann er reisen. Hat man vor, eine weitere Schiffsreise anzutreten, gibt das Reisebüro oder die Reederei genaue Auskunft.

Auslandsreisen mit dem Pudel. Hier muß man sich vor Antritt der Reise, besser aber noch vor der Buchung, erkundigen, welche Voraussetzungen erforderlich sind. Für die meisten europäischen Länder wird eine Tollwutimpfung verlangt. Diese muß mindestens 4 Wochen, aber nicht älter als 12 Monate sein. Erwiesenermaßen beeinträchtigt auch häufigeres Impfen nicht die Gesundheit des Hundes. Daher sollte man also rechtzeitig nachimpfen lassen. Für die Wiedereinreise in die Bundesrepublik benötigt man die Identitätsbescheinigung für den Hund. Diese gibt der Amtstierarzt auf einem Formblatt, das im »Internationalen Impfpaß für Hunde« enthalten ist. In diesem Impfpaß wird auch die Tollwutimpfung beglaubigt. Welche Bestimmungen in den einzelnen Ländern für die Einreise von Hunden gültig sind, erfährt man am besten über die Konsulate. Aber auch die Reisebüros sind in diesen Fällen behilflich.

Mit dem Pudel im Hotel. In den meisten Hotels hierzulande ist der Pudel willkommen. Unterschiedlich wird für ihn ein Tageskostensatz berechnet oder ihm der Aufenthalt gratis gewährt. Will man mit ihm in einem Hotel wohnen, so sollte stets das Körbchen des Hundes dabei sein. Außerdem seine Wasser- und Futterschüssel, ein oder mehrere eigene Handtücher für schmutzige Pudelfüße. Im Ausland ist es oft schwierig, ein Hotel zu finden, das einen Hund aufnimmt. Es ist daher empfehlenswert, vorher über die Verkehrsvereine der Orte, die man aufsuchen will, Anschriften von hundefreundlichen Hotels einzuholen.

Mit dem Pudel zur Ausstellung

Die Hundeausstellung ist das Schaufenster, in dem die Zuchtergebnisse einer Rasse zu sehen sind. Auch die unseres Pudels. Seine Qualität wird hier geprüft. Bis ins kleinste Detail werden Aussehen und Wesen von Zuchtrichtern begutachtet und mit den Standardvorschriften verglichen. Je vollkommener der ausgestellte Hund dem Idealtyp entspricht, desto höher ist die Bewertung, die der Zuchtrichter ihm erteilt. Diese Beurteilung erfolgt im Stand — wobei die Zwerg- und Kleinpudel auf dem Tisch gemustert werden, die Großpudel auf dem Boden — und in der Bewegung, das heißt in einem flüssigen Trab. Ausschlaggebend für seine Beurteilung ist die Tageskondition des vorgeführten Hundes. Wenn es bei der Plazierung um die Reihenfolge der Hunde geht, wird der individuelle Geschmack auch des versiertesten Zuchtrichters dabei die Auswahl beeinflussen.

Sinn und Zweck einer Ausstellung ist es, solche Hunde an die Spitze zu stellen, die das Zuchtziel dieser Rasse darstellen. Die dabei immer neu auftretenden Nachwuchshunde sollten sowohl dem Standard als auch dem sich leicht ändernden Zeitgeschmack angepaßt werden. Nach diesen Spitzenhunden kann sich der Züchter und Nachwuchszüchter in der Bemühung um die standardgerechte Weiterzucht der Rasse genauso richten wie der engagierte Laie oder Neuling.

Internationale Rassehunde-Zuchtschau. Die Pudel warten auf ihren Auftritt im Ring.

Vergessen sei aber auch nicht, wie werbewirksam eine Hundeausstellung ist. Interessierten Tierfreunden wird die Liebe zum Rassehund nahegebracht. Nicht nur durch die Veranstaltung selbst, sondern durch Gespräche mit den Züchtern, die jederzeit gern auf Fragen über ihre Rasse Auskunft geben und dem künftigen Hundehalter genau erklären können, ob die Charakteristika der Rasse auch den Erwartungen entspricht, die man sich gemacht hat, oder ob eine andere Rasse vielleicht geeigneter sein kann.

Die Vorbereitung

Was hat man zu tun, wenn man mit seinem Pudel an einer Ausstellung teilnehmen will? Wichtigste Voraussetzung dafür ist eine gültige Ahnentafel. Sie wird vom Deutschen Pudel-Klub e.V. (DPK) oder vom Verband der Pudelfreunde Deutschlands e. V. (VDP) ausgestellt. Beide sind Mitglieder der deutschen Dachorganisation des Hundesports, dem Verband für das Deutsche Hundewesen e. V. (VDH), Dortmund, der seinerseits Mitglied der 1914 gegründeten Internationalen Welt-Dachorganisation Fédération Cynologique Internationale (F.C.I.), Thuin/Belgien, ist. Der F.C.I. gehören im Augenblick 31 Staaten als Mitgliedsländer an. Sie erkennt außerdem auf Gegenseitigkeit Ahnentafeln und Ausstellungstitel von mehreren anderen Ländern, wie zum Beispiel England, USA, Kanada, Australien, die keine Mitglieder sind, an. Alle Mitgliedsländer unterstehen dem einheitlichen, strengen F.C.I.-Reglement hinsichtlich Zucht und Ausstellung.

In der Bundesrepublik unterscheiden wir drei Arten von Ausstellungen: die Internationalen, die Allgemeinen und die Klubschauen. Die Internationalen Rassehunde-Zuchtschauen sind offen für alle von der F.C.I. anerkannten Rassen. Es werden hier sogenannte Anwartschaften auf internationale Titel vergeben. Um den Titel »Internationaler Schönheits- oder (Arbeits-)Champion« erreichen zu können, müssen in verschiedenen anderen Ländern weitere Schauen erfolgreich besucht werden. Die nur im Inland zu erwerbenden Anwartschaften auf den VDH-Sieger und Tagestitel, wie zum Beispiel Deutscher Bundessieger 19.., werden vom VDH vergeben. Es ist zwingend vorgeschrieben, daß diese Ausstellungen in überdachten Räumen stattfinden und jedem Hund eine eigene Box für seine Unterbringung zur Verfügung steht. Auch die »Allgemeine Rassehunde-Zuchtschau«, deren Veranstalter ebenfalls der VDH ist, wird unter gleichen Bedingungen abgehalten. Alle von der F.C.I. anerkannten Rassen sind zugelassen, doch werden hier nur Anwartschaften auf nationale »Championats-Titel« vergeben. Die Klubschauen, wie die Bezeichnung schon sagt, werden von den Rassehundeklubs der verschiedenen Rassen, die zum VDH gehören, in eigener Regie veranstaltet. In unserem Fall sind es Klubschauen des DPK oder VDP, an denen nur Pudel teilnehmen dürfen. Beim Veranstaltungsort und der

Titelvergabe ist den veranstaltenden Rassehundeklubs sehr viel Eigeninitiative gestattet, sofern sich diese innerhalb der VDH-Vorschriften bewegt. Schon mit sechs Monaten kann ein junger Pudel — in der Jüngstenklasse — auf einer Klubschau ausgestellt werden. Das Mindestalter bei der »Internationalen und Allgemeinen Rassehunde-Zuchtschau« beträgt für Pudel 9 Monate. Er startet dann in der Jugendklasse.
Nicht jeder Pudel ist aber für die Teilnahme an einer Ausstellung geeignet. Bevor man sich entschließt, solch eine Veranstaltung zu besuchen, ist es ratsam, sich an den Klub zu wenden und den eigenen Hund hier vorzustellen. Es gibt schwere Fehler, die ihn für eine Schau disqualifizieren und solche, die eine Zulassung zwar gestatten, aber die Aussicht auf eine gute Ausstellungsbeurteilung sehr in Frage stellen. Dann ist es besser, ohne Hund die Schau zu besuchen. Trotzdem: Der eigene Pudel ist und bleibt der schönste und liebste!
Entschließt man sich aber, mit seinem Pudel Ausstellungen zu besuchen oder erwirbt man gezielt einen sogenannten Ausstellungshund, so muß man bereit sein, für diesen Sport viel Zeit, Mühe und Kosten aufzuwenden, weil sonst die Ausstellungserfolge immer mittelmäßig bleiben.
Ein »Ausstellungshund« wird nicht geboren, er wird »gemacht«. Fellpflege, Ring- und Konditionstraining, optimale Aufmachung und — besonders wichtig — viel Lob an den Hund und Freude am Ausstellungssport, das sind die Voraussetzungen für einen Erfolg.
Als Krönung dieser Mühe werden Besitzer und Hund zu einer Einheit. Fasziniert verfolgen die Zuschauer einen »Schauhund-Pudel«, der sich im Ring als König fühlt und sich wie ein Profi präsentiert. Dann, wenn man die »Hohe Schule« der Ausstellung beherrscht, muß es auch nicht immer der Top-Sieg sein, den der Hund erreicht. Man weiß um die Qualitäten und kleinen Schwächen des eigenen Pudels, die der Konkurrenz und kennt auch den persönlichen Geschmack des Richters. Der Ausstellungstag wird dann so verstanden, wie er immer und überall verstanden werden sollte: Dabeisein ist alles.
Doch bis zur souveränen Beherrschung des »Schaugeschäftes« ist es ein langer Weg. Empfohlen sei dem interessierten Pudelbesitzer, sich zunächst in seinem Klub einmal alles Wissenswerte in der Theorie anzueignen. Dann sollte er allein eine oder mehrere Zuchtschauen besuchen, um zu prüfen, ob es ihm gefällt und er gern selbst einmal zu den Teilnehmern gehören möchte.
Entschließt man sich, aktiver Ausstellungssportler zu werden, so können sich durch den Besuch vieler in- und ausländischer Schauen wertvolle Freundschaften entwickeln. Die allen Teilnehmern eigene Liebe zum Hund schlägt schnell eine Brücke von Mensch zu Mensch.
Zur Teilnahme an Ausstellungen sind für den Pudel, gemäß F.C.I.-Standard, zwei Schurarten zugelassen: die Alte oder Löwenschur und die Neue oder Modeschur. In der Art der Löwenschur ist auch heute noch der »Schnürenpudel«

ausstellungsfähig, er ist aber völlig unpopulär geworden. Bei Phantasie-Schuren wird der Pudel disqualifiziert. Im Schauring sind ohne Unterschied beide zugelassenen Schurarten im Wettbewerb. Sie werden nur getrennt nach Geschlecht, Größe und Farbe.

Die zugelassenen Größen sind:
Zwergpudel bis zu 35 cm Schulterhöhe,
Kleinpudel 36 bis 45 cm Schulterhöhe,
Großpudel 46 bis 60 cm Schulterhöhe.

Je deutlicher der ausgestellte Pudel seine Klasse, zu der er gehört — Zwerg-, Klein- oder Großpudel —, verkörpert, um so höher ist seine Bewertung.

Den Toy-Pudel unter 28 cm, wie ihn sich viele Liebhaber wünschen, gibt es nach F.C.I.-Reglement nicht. Trotzdem können sich Welpen aus normalen Zwergenwürfen auch zur Toy-Größe entwickeln. Eine Weiterzucht mit solchen Tieren ist jedoch nicht gestattet. Die Geburten können wegen der relativ großen Welpen für die Hündinnen lebensbedrohend sein und sind oft nur durch Kaiserschnitt möglich. Hundezucht darf aber nicht zum gesundheitsgefährdenden Risiko für die Tiere werden. Das Züchter-Ethos verlangt, nur mit gesunden Hunden die Fortpflanzung zu betreiben.

Im Laufe der (züchterischen) Jahrzehnte ist der Pudel nunmehr in fünf Farbschlägen anerkannt:

- Schwarz — Weiß — Braun — in diesen drei Farben ohne andersfarbige Abzeichen ab Gründung des DPK im Jahre 1896
- Silber — seit 1. 1. 1966 F.C.I.-anerkannt
- Apricot — seit 1. 1. 1977 F.C.I.-anerkannt

Unzulässig ist der gescheckte oder »Harlekin«-Pudel.

Titel, die der Pudel erreichen kann

Internationaler Schönheits-Champion. Start im Alter von mindestens 15 Monaten. Als bester seiner Klasse muß er mindestens viermal die Anwartschaft CACIB (»Certificat d'Aptitude au Championat International de Beauté« = Anwartschaft auf das Internationale Schönheits-Championat) in mindestens drei verschiedenen Ländern und unter mindestens drei verschiedenen Richtern erhalten haben. Zu beachten ist: Eine CACIB-Anwartschaft muß aus dem Ursprungsland der Rasse — bei den Pudeln ist es Frankreich — oder aus dem Wohnsitzland des Besitzers sein, auch zwei dürfen angerechnet werden. Zwischen der ersten und letzten Anwartschaft muß mindestens ein ganzes Kalenderjahr liegen, um zu beweisen, daß die Ausstellungsqualität des Hundes auch von Dauer ist.

Deutscher Schönheits-Champion des DPK oder des VDP. Drei Anwartschaften NCA (»Nationale Championats-Anwartschaft«) beim DPK oder drei Anwart-

Der Zuchtrichter bei der Beurteilung weißer Großpudel im Schauring.

schaften CAC (»Certificat d'Aptitude au Championat«) beim VDP unter drei verschiedenen Richtern. Mindest-Zeitraum zwischen erster und letzter Anwartschaft ein Kalenderjahr, Alter ab 15 Monate.
VDH-Sieger. Anwartschaftstitel. Vergabe auf Internationalen, Allgemeinen und Klubschauen.
Klubsieger DPK und Klubsieger VDP. Anwartschaftstitel.
VDH-Tagestitel. Deutscher Bundessieger 19.., Europa-Sieger 19.., Vergabe einmal jährlich.
F.C.I.-Tagestitel. Weltsieger (Stadt) 19... Dieser Titel kommt jährlich zur Vergabe, und zwar in dem Mitgliedsland, das den F.C.I.-Präsidenten für das betreffende Jahr stellt, vorausgesetzt, man kann über einen für die Veranstaltung erforderlichen Ausstellungsort verfügen.
Bei klubeigenen Schauen können viele weitere Anwartschafts- und Tagestitel für den Pudel erworben werden. Beginnend im jugendlichen Alter von 9 Monaten bis zur Altersklasse, offen ab sieben Jahren.
Wer seinen Pudel auf einer Schau im Ring zeigen möchte, ohne ein Wettkampfrisiko einzugehen, der kann seinen Hund »außer Konkurrenz« vorführen.
Die Bestimmungen für die Erringung von Landes-Champion-Titeln anderer Länder, wie zum Beispiel Holland, Belgien, Luxemburg, Frankreich und so weiter, differieren leicht von denen in der Bundesrepublik. DPK oder VDP geben gern auf Anfrage von Interessenten Auskunft und Anschriften der Pudelklubs des gewünschten Landes bekannt.

Leistungssport mit dem Pudel

Der in Gehorsam und Unterordnung gut erzogene Stadthund und der nicht wildernde Landhund haben bessere Chancen in ihrem Leben als der ungehorsame Hund. Das erlebt man immer wieder.

Um dem Pudelbesitzer zu ermöglichen, seinen Hund unter fachkundiger Leitung selbst in Gehorsam und Unterordnung auszubilden, bietet der DPK und auch der VDP für seine Mitglieder eigene Übungsplätze an vielen Orten der Bundesrepublik an. Ehrenamtliche Ausbilder stehen hier zu Verfügung, und es gibt nicht einen einzigen Pudel, der ungeeignet wäre. Sie sind alle begabt, ohne Unterschied der Größe, das Verlangte zu erlernen.

Geübt wird in der Gruppe. Junge und ältere Besitzer führen ihren Hund nach den Kommandos der Ausbilder. Zu Hause kann man selbst weiterüben. Die Gruppenarbeit fördert die vierbeinigen Eleven besonders, denn sie lernen voneinander, indem sie sich gegenseitig abschauen, wie die anderen es machen. Es gibt vier Leistungsstufen, wobei der Schwierigkeitsgrad der Übungen jeweils

Champion »Young Lady vom Walddorf«.

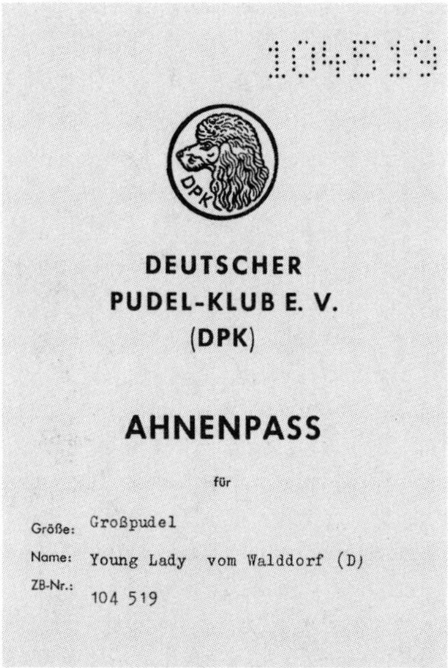

104519

DEUTSCHER
PUDEL-KLUB E. V.
(DPK)

AHNENPASS

für

Größe: Großpudel
Name: Young Lady vom Walddorf (D)
ZB-Nr.: 104 519

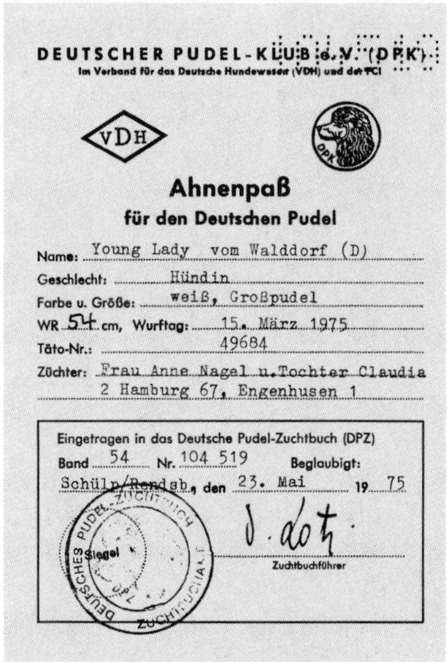

DEUTSCHER PUDEL-KLUB e. V. (DPK)
Im Verband für das Deutsche Hundewesen (VDH) und der FCI

VDH

Ahnenpaß
für den Deutschen Pudel

Name: Young Lady vom Walddorf (D)
Geschlecht: Hündin
Farbe u. Größe: weiß, Großpudel
WR 54 cm, Wurftag: 15. März 1975
Täto-Nr.: 49684
Züchter: Frau Anne Nagel u. Tochter Claudia
2 Hamburg 67, Engenhusen 1

Eingetragen in das Deutsche Pudel-Zuchtbuch (DPZ)
Band 54 Nr. 104 519 Beglaubigt:
Schülp/Rendsb., den 23. Mai 19 75
Siegel
Zuchtbuchführer

Auszug aus Ahnenpaß und Leistungsbuch »Young Lady vom Walddorf«. Deutscher Champion, Internationaler Champion, Weltsieger Innsbruck '76, Europa-Sieger, Bundessieger, VDH-Sieger, Jugend-Champion Luxemburg.

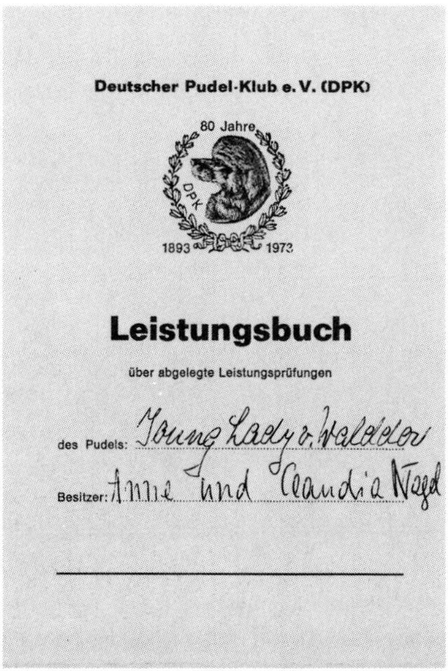

Deutscher Pudel-Klub e. V. (DPK)

80 Jahre
DPK
1893 1973

Leistungsbuch

über abgelegte Leistungsprüfungen

des Pudels: Young Lady v. Walddorf
Besitzer: Anne und Claudia Nagel

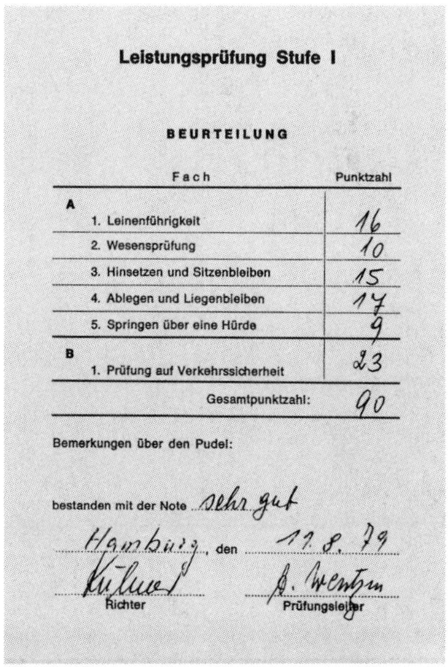

Leistungsprüfung Stufe I

BEURTEILUNG

Fach	Punktzahl
A	
1. Leinenführigkeit	16
2. Wesensprüfung	10
3. Hinsetzen und Sitzenbleiben	15
4. Ablegen und Liegenbleiben	17
5. Springen über eine Hürde	9
B	
1. Prüfung auf Verkehrssicherheit	23
Gesamtpunktzahl:	90

Bemerkungen über den Pudel:

bestanden mit der Note sehr gut

Hamburg, den 11. 8. 79

Richter Prüfungsleiter

gesteigert wird. Es wird apportiert, über Hürden gesprungen, abgelegt, gewartet, bis Herrchen wiederkommt oder Frauchen ein Handzeichen zum Kommen gibt. Gegenstände des eigenen Besitzers werden bewacht und, wenn nötig, wütend verteidigt. Selbst in den Ärmel eines Figuranten (das ist ein Ausbilder, der, mit einem Schutzärmel bekleidet, einen Bösewicht mimt) beißt ein Pudel unerschrokken. Bei einer Nachtübung mit simulierten Überfällen kann auch getestet werden, wie sich der eigene Pudel in solch einer Situation verhält.

Allein im DPK werden etwa 20 bis 30 Prüfungen im Jahr abgehalten. Veranstalter sind jeweils die Untergruppen des Klubs, die in Eigenhilfe mit Spendenmitteln hübsche Klubheime inmitten großer Rasenflächen erstellt haben. Hier trifft man sich zum Übungsbetrieb und zu geselligen Veranstaltungen.

Ansporn für den Leistungssport, bei dem nicht die perfekte Schönheit des Pudels Vorrang hat, sondern seine Lernfähigkeit und Leistung, sind Urkunden, Pokale und Sportabzeichen, die nach bestandener Prüfung vergeben werden. Für jeden teilnehmenden Hund gibt es auch ein Leistungsbuch, in das jede einzelne Prüfung eingetragen wird mit der Höhe der erlangten Punkte der betreffenden Übung. Der DPK hat neuerdings sogar den Titel »Leistungs-Champion« geschaffen.

Unabhängig von DPK- oder VDP-Übungsplätzen, sind die Mitglieder dieser Klubs berechtigt, aktiv auch die Übungsplätze anderer dem VDH angehörenden Rassehundeklubs zu benutzen. Daher wird es gar nicht so schwierig sein, in der Nähe des eigenen Wohnortes einen Übungsplatz und damit die Anleitung zu finden, aus dem eigenen Pudel, sollte er es noch nicht sein, einen gehorsamen, gut erzogenen, verkehrssicheren Begleithund zu machen.

Ernährung

Die wilden Ahnen unserer Hunde waren Fleischfresser. Nicht jeden Tag wird es ihnen gelungen sein, ein Beutetier zu erjagen. Bisweilen mußten sie mit Aas vorliebnehmen, wenn ihnen die Natur nicht gar einen Fastentag aufzwang. Fleisch war allerdings nicht ihre einzige Nahrung. Mit den Innereien ihrer meist pflanzenfressenden Opfer verzehrten sie auch Magen- und Darminhalt, also vorverdaute Pflanzenkost, und deckten so ihren Vitaminbedarf. Diese Freßgewohnheiten lassen die wichtigsten *Grundregeln* für die Hundeernährung erkennen:

Ernährungsgrundlage ist rohes Fleisch. Aufgeschlossene Pflanzennahrung sowie Vitamine und Mineralstoffe müssen den Speiseplan ergänzen.

Diese Grundsätze sind eine ständige *Mahnung*, den Hund artgemäß zu ernähren. Das Tierschutzgesetz verpflichtet jeden Tierhalter, seinem Tier *angemessene, artgemäße Nahrung* zu gewähren. Der Hund darf also nicht als Resteverwerter mißbraucht oder in falsch verstandener Tierliebe mit Süßigkeiten gemästet werden. Der Weg zur Tierquälerei wäre nicht weit: Falsche Ernährung kann Fettsucht, innere Erkrankungen oder Hautkrankheiten und damit »länger dauernde oder sich wiederholende erhebliche Schmerzen oder Leiden verursachen«. Dies ist ein Verstoß gegen das Tierschutzgesetz! Wegen derart unsachgemäßer Ernährung hat, soweit bekannt, zwar noch kein vermeintlicher Tierfreund vor dem Richter gestanden, ein verständiger Hundehalter wird sich trotzdem stets bemühen, seinem Hund ausschließlich die ihm bekömmliche Nahrung anzubieten.

Kurzgefaßte Nährstoffkunde

Vor einer eingehenderen Betrachtung der einzelnen Nahrungsmittel soll kurz die Bedeutung der Nahrungs-Bausteine verdeutlicht werden.

Fleisch enthält neben Geschmacksstoffen, Salzen und Vitaminen vor allem *Eiweiß*, welches der Hund zum Aufbau eigener Körpersubstanzen unbedingt benötigt. *Fette* dienen als Energielieferanten; zur Erhaltung der Gesundheit müssen ungesättigte Fettsäuren aufgenommen werden. Pflanzliche Nahrungsmittel enthalten neben der für Hunde unverdaulichen Zellulose pflanzliches Eiweiß, Vitamine und Mineralstoffe; wichtigster Bestandteil sind *Kohlehydrate* (Stärke, Zucker), die ebenfalls als Brennstoffe dienen. *Vitamine* sind bekanntlich Stoffe, die im Körper selbst nicht gebildet werden können, aber zur Aufrecht-

»Freisprung«. Eine Übung, die auch ein Zwergpudel erlernen kann. Für die Leistungsprüfung wird sie verlangt.

Auf dem Hundesportplatz. Claudia Nagel mit (von links nach rechts): Champion »Aristokrat vom Walldorf«, Champion »Young Lady vom Walldorf«, Champion »Zarewitch vom Walldorf«.

erhaltung normaler Körperfunktionen wie Infektionsabwehr, Nervenfunktionen, Blutgerinnung oder für Stoffwechselprozesse unerläßlich sind.
Mineralstoffe und *Spurenelemente* schließlich sind nicht nur zum Knochenaufbau erforderlich, sondern sind maßgeblich an vielen Stoffwechselvorgängen beteiligt. Die kurze Aufzählung macht deutlich, daß alle genannten Nahrungsbestandteile für Wachstum und Gesundheit des Hundes unentbehrlich sind.

Die Futtermittel

Fleisch bildet die Ernährungsgrundlage: Innereien wie Herz, Leberabschnitte, Milz, Nieren, Schlund, Rinderpansen und -blättermagen sowie sogenanntes Maulfleisch, sonstige Fleischabschnitte und, mit gewissen Einschränkungen, Euter sind ein fast vollwertiger Ersatz für das zu teure Muskelfleisch. Nicht geeignet sind Lunge und Gebärmutter (»Trachten« oder »Schweineringel«). Fleisch soll nach Möglichkeit roh verfüttert werden. Dies entspricht am ehesten der artgemäßen Ernährungsweise.
Aus tierärztlicher Sicht ist der sogenannte *grüne Pansen* (roher, ungereinigter Rindervormagen) besonders wertvoll: Die anhaftenden Rinderfutterreste sind bereits teilweise aufgeschlossen und enthalten Vitamine, die teils aus dem Pflanzenfutter stammen, teils im Pansen durch Bakterien gebildet wurden. »Grüner Pansen« sollte daher dem gereinigten und gebrühten »weißen Pansen« vorgezogen werden. Rohe *Leber* hat eine abführende Wirkung, die bei Verstopfung ausgenutzt werden kann.
Futterfleisch erhalten Sie heute nicht nur in Hundefutterhandlungen, sondern auch in spezialisierten Zoogeschäften, in den Tiefkühltruhen vieler Supermärkte und in fast allen Schlachtereien. Der Wert des grünen Pansens wird durch das Gefrieren nicht eingeschränkt.
Als Ergänzung des Eiweißangebotes sind auch grätenfreies *Fisch*fleisch, *Geflügel*innereien und Geflügelteile ohne Röhrenknochen, *Milch* und Milchprodukte und *Eier* geeignet. *Fisch* muß selbstverständlich frisch und unverdorben sein, um Erkrankungen (»Fischvergiftungen«) zu vermeiden. *Milch* enthält bekanntlich eine für das Wachstum besonders geeignete Nährstoffzusammensetzung, soll allerdings nur dem heranwachsenden Hund gegeben werden. Bis zum sechsten Monat kann er täglich eine mit Milch hergestellte Mahlzeit erhalten. Dann wird das Milchangebot eingeschränkt. Über ein Jahr alte Hunde erhalten keine Milch mehr, weil das Milchfett und der für Hunde unverdauliche Milchzucker den Darminhalt zu weich halten. Verdauungsstörungen und Hauterkrankungen sind die häufig beobachteten Folgen. *Käse* gehört grundsätzlich nicht in den Futternapf. Dagegen stellt *Magerquark* eine wertvolle Ergänzung des Eiweißangebotes dar (wenn der Quarkgeschmack dem Hund zusagt).
Gelegentlich kann Fleisch auch durch ein *Ei* ersetzt werden. Rohes Vollei führt

bei manchen Hunden allerdings zu Durchfällen, während das Eigelb allein stets gut vertragen wird. Durch Erhitzung werden Verdaulichkeit und Bekömmlichkeit des Hühnereiweißes erhöht. Nicht in den Hundenapf gehören Wurstpellen, Geräuchertes und Gewürztes.

Als *Kohlehydratträger* bieten sich Haferflocken, Graupen und Reis an. Diese pflanzlichen Produkte müssen durch Kochen aufgeschlossen werden. Einfacher ist die Verfütterung von »Hundeflocken«, die aus einem Gemisch getoasteter und dadurch verdaulich gemachter Getreideerzeugnisse mit speziellen Beimengungen bestehen und erfahrungsgemäß allen Hunden gut bekommen. Ein Teil der pflanzlichen Nahrung sollte stets aus *Gemüse* bestehen. Ausnahmsweise können Reste unseres Mittagessens gemust und dem Futter beigemengt werden. Kartoffeln und Hülsenfrüchte sind allerdings zu meiden, da sie für Hunde sehr schwer verdaulich sind.

Die *Vitamin*versorgung kann natürlich nicht ausschließlich aus dem grünen Pansen gedeckt werden. Gehackte Kräuter wie Petersilie oder Kresse, geriebene Äpfel und Mohrrüben, Gemüsesäfte und Bananen sowie Lebertran, Weizenkeimöl und trockene Bierhefe können das Vitaminangebot vervollständigen. Eine sichere und individuelle Dosierung gestatten Vitaminpräparate, die der Tierarzt abgibt oder verschreibt. Besonders wichtig ist eine ausreichende Vitamin-D-Versorgung zur Verhütung der Knochenweiche (Rachitis) während des Wachstums.

In dieser Zeit sollte auch ein *Mineralstoff*präparat zugefüttert werden, um den erhöhten Bedarf zu decken. Anstelle der zur Vorbeuge und Behandlung des Menschen hergestellten Mittel können die billigeren »Futterkalk«-Präparate gewählt werden, die im allgemeinen auch die nötigen *Spurenelemente* enthalten. Auch durch *Knochen* kann das Mineralstoffangebot ergänzt werden. Ihr Wert sollte jedoch nicht überschätzt werden. Sie sind schwer verdaulich und können wegen ihrer stopfenden Wirkung nur in begrenzten Mengen zugegeben werden.

Zur Hundeernährung wird heute *Fertigfutter* in vielfältiger Auswahl angeboten: *Dosenfutter* wird entweder nur aus tierischen Erzeugnissen oder aber unter Zusatz von stärkehaltigen Nährmitteln hergestellt. Reine »Fleisch«-Konserven können durch Zugabe von Flocken, Reis, Gemüse und ähnlichem gestreckt werden. Die Mischerzeugnisse haben bereits eine ausgewogene Nährstoffzusammensetzung, durch die Hitzesterilisation sind jedoch die Vitamine geschädigt. Deshalb sollte der Hund nicht ausschließlich aus Konserven gefüttert werden. Manche Hunde vertragen Dosenfutter erfahrungsgemäß schlecht und reagieren mit rötlich gefärbtem Durchfall. Dies ist besonders bei geschwächten Hunden und plötzlichen Futterumstellungen zu beobachten.

Paketfutter besteht entweder aus einem erhitzten, geformten Fleisch-Nährmittel-Gemisch oder aus einer Mischung von Trockenfleisch mit pflanzlichen Erzeugnissen unter Zusatz von Hefe, Mineralstoffen und Vitaminen. Auch diese

Futtermittel enthalten ein ausgewogenes Eiweiß-Kohlehydrat-Fett-Verhältnis. Bei Verwendung als Alleinfutter kann allerdings ein Fehlen ungesättigter Fettsäuren zu Hautkrankheiten führen. Zu den keks- oder ringförmigen Produkten muß in einem Extranapf Wasser zur beliebigen Aufnahme angeboten werden. Die Fertigfuttermischungen werden mit warmem Wasser, mit ungesalzener Fleischbrühe oder bei Junghunden mit Milch zu einem Fertigbrei angerührt. Sie werden allgemein gern gefressen und sind gut bekömmlich.
Hundekuchen werden aus pflanzlichen und tierischen »Mehlen« in verschiedenen Größen und Härtegraden hergestellt. Sie sollten wegen ihres guten Nährstoffangebotes in keinem Futterplan fehlen.

Futterzeiten

Voraussetzung einer gesunden Ernährung ist eine dem Alter angemessene Anzahl von Mahlzeiten und die Einhaltung fester Futterzeiten:
Bis zum Alter von *sechs Monaten* erhält der Hund *drei Mahlzeiten,* und zwar morgens, mittags und am späten Nachmittag.
Bis zum Alter von etwa *einem Jahr* wird der Hund *zweimal täglich,* nämlich morgens und mittags, gefüttert.
Der *erwachsene* Hund soll *nur eine Mahlzeit* täglich erhalten. Als »Tischzeit« hat sich zum Zwecke einer geregelten Verdauung der späte Vormittag bewährt. »Nebenbei« wird in keinem Alter und zu keiner Zeit genascht!

Futterzusammensetzung

Zunächst soll auf einige grundlegende Erkenntnisse der *Wissenschaft* hingewiesen werden:
Das Futter des *erwachsenen* Hundes soll zu mindestens *einem Drittel aus Eiweißträgern* bestehen. Je nach Qualität müssen *15 bis 25 % Fleisch* enthalten sein, der Rest des Eiweißbedarfes kann aus anderen tierischen Erzeugnissen (Fisch, Milchprodukten, Eiern), teilweise auch aus pflanzlichem Eiweiß, gedeckt werden.
Während des *Wachstums* muß das Futter mindestens zur Hälfte bis zu zwei Dritteln aus Fleisch und anderen Eiweißstoffen bestehen, während der *Trächtigkeit* sogar zu drei Vierteln.
Für die *Praxis* müssen diese Werte als Mindestforderung angesehen werden, die keineswegs unter-, wohl aber überschritten werden dürfen. Die Industrie richtet sich nach diesen Erkenntnissen. Trockenfutter enthält etwa ein Viertel Eiweißstoffe. Dosenfutter hat einen höheren Fleischanteil. Fertigfutter ist im allgemeinen auf den Bedarf erwachsener Hunde abgestellt. Jedes Futtermittel muß übrigens mit Angaben über die Zusammensetzung gekennzeichnet sein, so daß

der Käufer eine vergleichende Bewertung nach den genannten Anforderungen vornehmen kann.

Bei der Zusammenstellung *eigener Futterrezepte* dürfen die genannten Fleisch-/Eiweiß-Anteile nicht unterschritten werden. Wenn der Geldbeutel es zuläßt, sollte der Anteil eiweißhaltiger Produkte erhöht werden. Dies führt möglicherweise zwar zu einem gewissen Luxuskonsum, gibt aber die beruhigende Sicherheit einer ausreichenden Eiweißversorgung.

Die Ernährung der *Welpen* bleibt dem Züchter überlassen, der im allgemeinen über bewährte Rezepte verfügt. Nach dem Kauf sollte der *Junghund* zunächst einige Tage in der gewohnten Art weitergefüttert werden. Die Umstellung fällt ohnehin schwer und kann regelrecht auf den Magen schlagen. Nach der Eingewöhnung aber kann der Hund alsbald auf die Nahrung umgestellt werden, die unter den *häuslichen Verhältnissen* am bequemsten ist. Dabei sind jedoch plötzliche, radikale Veränderungen zu vermeiden und die unterschiedlichen Hundegeschmäcker zu berücksichtigen. Selbst zusammengestelltes Futter soll mindestens zur Hälfte, besser zu zwei Dritteln aus Fleisch und anderen Eiweißträgern bestehen. Den Rest bilden Nährmittel und Gemüse, Kräuter, Säfte, Vitamintropfen und Mineralstoffpräparate. Mischfertigfutter ist durch zusätzliches Eiweißangebot zu ergänzen.

Der *erwachsene Hund* kommt mit etwas weniger Fleisch aus. Rohfaserhaltige, pflanzliche Nährmittel haben einen besonderen Sättigungswert und regen die Darmtätigkeit an. Überwiegend pflanzliche Ernährung führt jedoch zu einem erhöhten Mineralstoffverbrauch, der durch entsprechende Zufütterung ausgeglichen werden muß.

Der *alternde Hund* hat bei geringerem Energiebedarf einen herabgesetzten Stoffwechsel und kann die angebotene Nahrung im allgemeinen schlechter verdauen. Der Eiweiß-, Mineralstoff- und Vitamingehalt muß daher wieder erhöht werden: Das Futter soll überwiegend aus Fleisch bestehen, keine schwer verdaulichen pflanzlichen Bestandteile enthalten und bei nachlassender Verdauungstätigkeit auf zwei kleinere Mahlzeiten verteilt werden.

Die Frage *Eigenfutter oder Fertigfutter* läßt sich je nach den häuslichen Gegebenheiten unterschiedlich beantworten, ohne daß Mängel zu befürchten sind. Wissenschaftlich gesehen kann der Hund ohne weiteres dauernd mit dem gleichen, optimal zusammengesetzten Futter ernährt werden. Er braucht also keine Geschmacksabwechslung. Wir können aber in der Praxis bei keinem Futter ganz sicher sein, daß alle erforderlichen Stoffe enthalten sind. Deshalb sollte auf *Vielseitigkeit* Wert gelegt werden, wobei sowohl selbst bereitetes als auch fertiges Futter als Haupternährungsgrundlage gewählt werden kann.

Rohes Fleisch sollte jedoch in keinem Futterplan ganz fehlen. Wenigstens ein- oder zweimal wöchentlich kann man von seinen Einkaufsgängen Futterfleisch mitbringen. Da der Hund sein Fressen nicht kaut, sondern schlingt, wird das

Vier mit klangvollen Titeln ausgezeichnete Großpudel posieren für den Fotografen: »Fee von Masuren«, »Krabbe von Masuren«, »Villon vom Walddorf« und »Heidi von Masuren« (von links nach rechts).

Fleisch in maulgerechte Happen geschnitten und vor dem Füttern durch kurzes Brühen erwärmt, wobei es innen roh bleibt. Der besonders wertvolle grüne Pansen neigt naturgemäß zu rascher Verderbnis und damit zu Geruchsentwicklungen und sollte daher frisch verfüttert werden. Dies gilt besonders für Etagenwohnungen zur Erhaltung des nachbarschaftlichen Friedens. Wer dagegen nachbarlichen Einspruch nicht zu befürchten hat, kann den Pansen ohne Bedenken etwas länger aufbewahren und seinem Hund wenigstens ab und zu das Vergnügen gönnen, ein größeres Stück nach Urväterart zu zerzausen; diese natürliche Freßweise ist eine ausgezeichnete, kräftigende Gymnastik für Muskeln und Gebiß.

Zur *Aufbewahrung* von Futterfleisch hat sich die Gefriertruhe besonders gut bewährt; das geschnittene Fleisch wird portionsweise verpackt und in einem zusätzlich verschließbaren Plastikbeutel eingefroren. Wer keine Tiefkühltruhe besitzt, sollte den nicht frisch und roh verfütterten Teil des Fleisches durch Kochen und anschließende Kühllagerung für zwei bis drei Tage haltbar machen. Auf den grünen Pansen muß dabei wegen der Wohlgerüche, die sich bei der Erhitzung verbreiten würden, verzichtet werden; die wertvollen Inhaltsstoffe würden durch das Kochen ohnehin geschädigt.

Die Fleischgrundlage kann gelegentlich auch aus *Trockenfleisch* bestehen, welches mehrere Stunden eingeweicht werden muß. Zusätzlich zu den verschiedenen »Fleisch«-Sorten sollten von Zeit zu Zeit auch andere Eiweißträger wie Fisch, Quark oder Ei angeboten werden, damit der Hund alle erforderlichen Eiweißstoffe erhält.

Als pflanzliches Futter sind *Futterflocken* besonders zu empfehlen, weil sie sehr vielseitig zusammengesetzt sind und ohne Kochen verdaut werden können. Mit dem angebrühten Fleisch und etwas Wasser vermischt, ergeben sie auf einfache Weise eine bekömmliche und gut zusammengesetzte Mahlzeit. Haferflocken, Graupen oder Reis müssen dagegen gekocht werden. *Gemüse* sollte mit einer Gabel zerdrückt, *Rohkost* muß fein zerkleinert werden.

Die Eigenproduktion wird in dem Maße, wie die häuslichen Verhältnisse es erfordern und der Gaumen des Hundes es zuläßt, mit *Fertigfutter* der verschiedenen Arten ergänzt. Dieses Futter ist für lange Wochenenden, als Notvorrat und auf Reisen besonders gut geeignet. Der Hund sollte also in jedem Fall daran gewöhnt werden.

Der Futterplan wird durch Hundekuchen sowie die erforderlichen Vitamin- und Mineralstoffgaben vervollständigt. Auf diese Weise ergibt sich bald ein eigenes, auf Haus, Hund und Geldbeutel abgestelltes Spezialrezept, bei dem es sich für den Hund gut leben läßt.

Futtermenge

Auch über die jeweils erforderliche Futtermenge liegen *wissenschaftlich* gesicherte Erkenntnisse vor: Man unterscheidet zwischen *Erhaltungs-* und *Leistungsbedarf.* Kleine Hunde benötigen pro kg Körpergewicht zur Erhaltung ihrer Körpersubstanz mehr Futter als größere. Der Bedarf schwankt zwischen 65 g und 30 g Feuchtfutter pro kg Körpergewicht.

Neben körperlichen Leistungen, Wachstum, Alter, Größe und Gewicht spielt die individuelle Veranlagung eine wesentliche Rolle. Bekanntlich hat man bei Nutztieren zur Mast besonders geeignete Rassen herausgezüchtet. Auch beim Menschen gibt es starke Esser, die schlank bleiben, und (seltener) Dicke, die wenig essen. Dies hängt unter anderem mit der Funktion der Schilddrüse und der Verdauungsorgane zusammen.

Ebenso gibt es beim Hund natürlicherweise gute und schlechte Futterverwerter. Auch Umwelt- und Haltungsbedingungen beeinflussen den Nährstoffbedarf: So ist bei Kälte ein erhöhter Energiebedarf zur Erhaltung der Körperwärme erforderlich. Schließlich ist es kaum möglich, die exakte Berechnungsgrundlage des Nährstoffbedarfes, den Brennwert des Futters, zu bestimmen, wie dies bei Diätplänen für den Menschen gemacht wird.

All diese Unwägbarkeiten verdeutlichen, daß man sich nicht sklavisch an

Schwarze Großpudelhündin »Melody of Mayfield« mit säugenden Kindern. Nachwuchs im Zwinger »Der schwarze Joker« (Besitzer: S. Kalina).

bestimmte Mengenangaben halten darf. Mit dieser Einschränkung können folgende Tagesfuttermengen als Anhaltswerte dienen:
Zwergpudel etwa 150 g Trockenfutter *oder* bis zu 250 g Fleisch
Kleinpudel etwa 250 g Trockenfutter *oder* bis zu 500 g Fleisch
Großpudel etwa 400 g Trockenfutter *oder* bis zu 1000 g Fleisch
Besser als die Briefwaage ist allemal das Fingerspitzengefühl bei der Zuteilung der Ration. Bei einem mageren Hund kann man unbedenklich etwas Futter zulegen; zeigt sich dagegen Rippenspeck, muß Futter abgezogen werden. Vor allem erhält der Hund nur das, was er zu der betreffenden Mahlzeit frißt, denn auch bei Hunden werden im allgemeinen starke Fresser nicht geboren, sondern erzogen. Den gefüllten Napf läßt man höchstens eine halbe Stunde stehen. Dann gehören etwa noch vorhandene Reste mit Ausnahme nicht verunreinigten Trockenfutters

in den Mülleimer. Bei älteren und bei zur Fettleibigkeit neigenden Hunden hat sich die Einlegung eines Fastentages pro Woche bewährt, an dem der Hund ausschließlich Wasser erhält.

Das *Trinken* gehört beim Menschen bekanntlich zum Essen. Anders beim Hund: Bei normal feuchter Nahrung trinkt er kaum. Nur bei besonderer Wärme, nach Anstrengungen, zum Trockenfutter und bei altersbedingtem Nachlassen der Nierenfunktion muß der Hund zusätzlich Wasser aufnehmen. Auf jeden Fall trinkt er nur so viel, wie er braucht und entwickelt sich nicht zum Gewohnheitstrinker. In einem sauberen Extranapf soll daher ständig frisches, verschlagenes (nie eiskaltes) Wasser zur beliebigen Aufnahme angeboten werden, damit der Hund die tatsächlich benötigte Flüssigkeitsmenge aufnehmen kann.

Hundeernährung ist also keine Geheimwissenschaft!

Wenn man

- die Eigenschaften der verschiedenen Futtermittel berücksichtigt,
- die Anzahl der Mahlzeiten und die Futterzeiten einhält,
- das Futter wenigstens nach den wissenschaftlichen Mindestanforderungen zusammensetzt, besser aber etwas Fleisch zulegt,
- dabei aus der Vielzahl der Möglichkeiten gezielt das für die häuslichen Verhältnisse günstigste auswählt,
- den Hund nicht einseitig ernährt, sondern für Abwechslung sorgt,
- erforderlichenfalls Vitamine und Mineralstoffe zufüttert,
- die Futtermenge mit Gefühl zuteilt und
- zudem ausreichend Wasser anbietet,

dann kann man sicher sein, durch eine artgerechte Ernährung die Grundlage für Wohlbefinden und Gesundheit seines Hundes gelegt zu haben.

Gesunder Hund — kranker Hund

In der gebotenen Kürze kann nur das Wichtigste über Vorbeuge, Erste Hilfe und medizinische Zusammenhänge abgehandelt werden. Vollständigkeit und Patentrezepte würden ohnehin eher verwirren und schaden, als aufklären und helfen. Praktische Nutzanwendung verspricht die altbewährte Regel:

Vorbeugen ist besser als Heilen

Fundamente der Krankheitsverhütung sind artgemäße *Haltung* und gesunde, ausgewogene *Ernährung*, die bereits eingehend erörtert wurden. Wenden wir uns also speziellen Vorbeugemaßnahmen zu.

Die *Ohren* sollten zur Verhütung von Entzündungen (»Ohrenzwang«) regelmäßig gereinigt werden: Der äußere Gehörgang wird mit Kinderöl oder einem speziellen Reinigungsmittel gefüllt, durch Zusammendrücken der Ohrmuschel verschlossen, durchmassiert und mit Watte oder Wattestäbchen ausgewischt. Das Trommelfell kann (da der Gehörgang vorher nach innen abknickt) nicht verletzt werden, wenn man nur senkrecht in die Tiefe geht. Gesunde Ohren brauchen nur bei Bedarf, empfindliche sollten dagegen etwa alle vier Wochen so behandelt werden. Dunkle Färbung und übel-muffiger Geruch des zutage kommenden Ohrenschmalzes deuten auf eine Entzündung hin, die vom Tierarzt je nach festgestellter Ursache behandelt werden muß. Verbreitet sind Entzündungen durch Ohrmilben, die in den Gehörgängen schmarotzen und dabei die Haut reizen und verletzen.

Der in den inneren *Augen*winkeln, besonders nach dem Schlaf, anzutreffende Schleim wird mit einem Stückchen Mullbinde oder einem Leinenläppchen entfernt, nicht jedoch mit Watte oder Papiertaschentüchern, deren Fusseln die Schleimhäute reizen. Bindehautentzündungen können auch durch Zugluft, besonders durch Ausgucken aus dem fahrenden Auto, verursacht werden. Zur Linderung sollten frühzeitig unspezifische Augentropfen oder Salben in die heruntergezogenen Bindehautsäcke eingebracht werden. Borwasser kann Reizungen verursachen und wird daher heute nicht mehr angewendet. Eitrige oder länger dauernde Entzündungen sind ein Fall für den Tierarzt. Bei gleichzeitig gestörtem Allgemeinbefinden (Appetitlosigkeit, Fieber) kann eine Infektion wie die Staupe vorliegen. Häufig bilden sich auf der Rückseite des dritten Augenlides, der Nickhaut, himbeerartige, entzündliche Wucherungen, die meistens operativ entfernt werden müssen.

Bei Neigung zu Zahnsteinbildung können die Zähne ein- bis zweimal wöchentlich mit einem Wattebausch abgerieben werden, der mit 3 %iger Wasserstoffsuperoxyd-Lösung getränkt wird. *Zahnstein* ist ein meist fest anhaftender Belag aus Salzen und Speiseresten, der besonders beim älteren Hund Entzündungen mit aasartig-fauligem Mundgeruch verursacht und ohne Behandlung zu Vereiterungen der Zahnwurzeln und zu Zahnausfall führen kann. Solche Eiterherde können den ganzen Körper vergiften. Zahnstein sollte daher rechtzeitig entfernt werden, erforderlichenfalls vom Tierarzt. Lose und vereiterte Zähne müssen gezogen werden. Da der Hund keine Beute jagen, festhalten oder zerreißen muß, sondern sein maulgerecht vorbereitetes Futter verschlingt, kann er auf schmerzende Zähne gut verzichten und wird sich nach der Entfernung von Eiterherden auch allgemein bald wohler fühlen. *Milch-Hakenzähne*, die beim Zahnwechsel nicht ausfallen, müssen gezogen werden, da sie zu Stellungsfehlern im bleibenden Gebiß führen können.

Rutschen auf dem Hinterteil ist meistens nicht auf Würmer, sondern auf Erkrankungen der *Analbeutel* zurückzuführen. Diese »Duftdrüsen« dienen eigentlich zur Revierkennzeichnung. Infolge der Domestikation funktioniert die Entleerung häufig nicht mehr richtig. Sekretstauungen und Entzündungen mit starkem Juckreiz sind die Folge. Diesen Juckreiz versucht der Hund erfolglos durch »Schlittenfahren« und Knabbern an Hinterläufen und Schwanzwurzel zu beheben. Abhilfe kann nur ein sachgerechtes Ausdrücken der Analbeutel schaffen: Bei senkrecht hochgehaltener Rute wird beiderseits des hervortretenden Afters Druck auf den Enddarm zu ausgeübt; zum Auffangen des austretenden, stinkenden Sekretes muß dabei Watte oder Papier vor den After gehalten werden. Bei tiefliegenden oder stark entzündeten Drüsen ist eine tierärztliche Lokalbehandlung erforderlich.

Das Kürzen der *Krallen* sollte erfahrenen Personen überlassen bleiben, weil in der Kralle ein Blutgefäß verläuft, welches nicht verletzt werden sollte. Wolfskrallen (Überbleibsel der an sich verkümmerten fünften Zehe an den Hinterbeinen) sind beim Pudel selten. Der gewissenhafte Züchter läßt sie gegebenenfalls zugleich mit dem Kupieren der Rute entfernen. Sie könnten sonst zu stark blutenden Verletzungen führen.

Besondere Vorsorge ist der Parasitenfreiheit zu widmen. *Ektoparasiten* schmarotzen auf der Haut. Neben den bereits erwähnten *Ohrmilben* sind *Hundeflöhe* und *Läuse* häufige, unerwünschte Gäste im Fell. Bei Juckreiz müssen daher als erstes Fell und Haut auf Flohstiche und Parasitenkot (schwarze Pünktchen an den Haaren) abgesucht werden. Lieblingssitze von Flöhen und Läusen sind die Innenflächen der Hinterschenkel, die »Achselhöhlen« und die Ohrmuscheln. Zur Abtötung der Parasiten können Puder, Sprays oder Waschlösungen (am wirksamsten) angewandt werden. Die Gebrauchsanweisungen müssen genau beachtet werden, da das Ablecken der Mittel zu Vergiftungen führen kann. Für etwa drei

Monate kann der Hund auch durch Anti-Ungeziefer-Halsbänder gegen Parasiten geschützt werden. Im Wald und auf der Heide machen sich *Zecken* an den Hund heran. Sie beißen sich in der Haut fest und saugen erhebliche Blutmengen, so daß sie schließlich wie ein prallgefüllter, bis zu kirschkerngroßer, brauner Sack aussehen. Diese »Holzböcke« dürfen nicht einfach abgerissen werden, weil dann das Beißwerkzeug in der Haut steckenbleiben und Entzündungen verursachen kann. Man betäubt sie mit Äther oder Alkohol oder hüllt sie etwa 10 Minuten in Öl ein, dann werden sie mit vorsichtig drehendem Zug aus der Haut entfernt.

Endoparasiten sind Darmschmarotzer, insbesondere Würmer. Fast alle Welpen werden schon im Mutterleib mit *Spulwürmern* infiziert. Sie sollten daher bei Abgabe durch den Züchter bereits Wurmkuren hinter sich haben. Spulwürmer können bei Junghunden zu Verdauungs- und Entwicklungsstörungen und zu Vergiftungen führen. Vorsichtshalber können daher Wurmkuren mit drei, sechs und zwölf Monaten wiederholt werden. Vertrauen Sie dabei den wirksamen, verschreibungspflichtigen Mitteln; rohe Möhren alleine können keine Wurmfreiheit garantieren. Ältere Hunde beherbergen im allgemeinen nur noch vereinzelte oder gar keine Spulwürmer mehr, da sie Abwehrstoffe gebildet haben. Für chronische Verdauungsbeschwerden wie regelmäßig wiederkehrenden oder unstillbaren Durchfall können andere Darmschmarotzer — Kokzidien (einzellige Schleimhautparasiten), Hakenwürmer oder Peitschenwürmer — verantwortlich sein. Eine Kotuntersuchung kann näheren Aufschluß geben; die Behandlung muß nach tierärztlicher Verordnung erfolgen.

Kürbiskernförmige, anfangs noch bewegliche Gebilde im Stuhl sind Glieder des *Hundebandwurmes.* Bandwürmer brauchen für ihre Entwicklung einen Zwischenwirt. Für den Hundebandwurm ist dies der Hundefloh, der die Bandwurmeier aufnimmt. Im Floh entwickelt sich die Finne, die beim »Flohknacken« vom Hund aufgenommen wird und zum fertigen Bandwurm auswächst. Im Zuge der tierärztlich verordneten Bandwurmkur müssen Hund und Lager daher auch gegen Ektoparasiten behandelt werden. Besonders bei Jagdhunden kann außerdem der gesägte Bandwurm auftreten, dessen Zwischenwirte Hasen und Kaninchen sind. Andere Bandwurmarten, die durch Fisch-, Rinder- und Schafeingeweide oder Mäuse und Ratten übertragen werden, kommen seltener vor.

Zur Vorbeuge gehören Impfungen gegen die wichtigsten Infektionskrankheiten der Hunde, die *Staupe,* die ansteckende *Leberentzündung* und die *Stuttgarter Hundeseuche.* Staupe und ansteckende Leberentzündung sind Viruserkrankungen, die zwar für Junghunde besonders gefährlich sind, aber auch ältere Hunde befallen. Die früher übliche einmalige Impfung der Junghunde ist heute nicht mehr ausreichend. Da die Krankheiten seltener geworden sind, fehlt der häufige Kontakt mit den Erregern und damit die natürliche Auffrischung des Impfschutzes. Zur Erhaltung eines belastungsfähigen, das heißt ausreichend hohen, Schutzes muß daher nach der zweimaligen Grundimmunisierung im Welpenalter wenigstens alle zwei Jahre eine Auffrischungsimpfung durchgeführt werden. Die *Stuttgarter Hundeseuche* ist eine durch Bakterien (Leptospiren) bedingte und von Hund zu Hund übertragene Infektion. Die meisten Impfstoffe schützen gleichzeitig gegen den Erreger der Weil'schen Krankheit, die durch Mäuse- und Rattenharn übertragen wird. Gegen diese Erkrankungen sind jährliche Wiederholungsimpfungen erforderlich. Auf die Bedeutung der Tollwutimpfung wird später eingegangen.

Eine Hausapotheke für den Hund

Zur Verhütung und Behandlung banaler Wehwehchen, mit denen auch wir selbst nicht gleich zum Arzt laufen würden, sollten einige Instrumente und Medikamente bereitgehalten werden.

Die kleine Hausapotheke für die *Erste Hilfe* besteht aus Fieberthermometer, gebogener Schere, Jodtinktur, Wundgel, Heilsalbe, Kinderöl oder Ohrreinigungsmittel, Kohlekompretten, Augentropfen, 3%igem Wasserstoffsuperoxyd, Watte, Wattestäbchen, Mullbinden, Kochsalz sowie Vitamin- und Mineralstoffpräparaten.

Wichtigstes Instrument ist das *Fieberthermometer,* um fieberhafte Krankheiten von weniger gefährlichen Störungen unterscheiden zu können. Die *Hundenase* ist hierzu kein geeignetes Meßinstrument; sie kann auch beim gesunden Hund bisweilen warm und trocken und bei schwerer Erkrankung feuchtkalt sein. Die innere Körpertemperatur des Hundes wird drei bis fünf Minuten im Mastdarm gemessen und beträgt 37,5 bis 39,0 °C. Bei kurzzeitig erhöhten Temperaturen bis 39,3 °C kann zunächst noch abgewartet werden, steigt die Quecksilbersäule höher, so liegt der Fall ernsthafter und bedarf tierärztlicher Behandlung. Dies wird bei den meisten Erkältungskrankheiten der Fall sein. Ein hustenähnliches Krächzen (als ob ein Knochen im Hals säße) deutet meistens auf eine Mandelentzündung hin, die nicht mit Mitteln der Hausapotheke behandelt werden sollte.

Verdauungsstörungen

Verdauungsstörungen lassen sich häufig durch Diät-Maßnahmen beheben. Bei hartem Stuhl können rohe Leber oder Milz oder ein bis drei Teelöffel 10%ige Dosenmilch als milde Abführmittel gegeben werden. Bei reichlicher Knochenfütterung kann der Knochenschrot im Mastdarm eine so hartnäckige Verstopfung verursachen, daß auch stärkste Abführmittel nicht helfen, sondern Einläufe unter tierärztlicher Kontrolle erforderlich werden. *Durchfall* ohne Fieber ist häufig durch einen Fastentag zu bessern, an dem der Hund ausschließlich verdünnten schwarzen oder Pfefferminztee mit einer kleinen Prise Salz erhält. Keinesfalls darf versucht werden, Durchfall durch Wasserentzug zu behandeln, da der Körper infolge des Flüssigkeitsverlustes austrocknen würde. Eine weitere Normalisierung des Stuhlganges kann durch mehrmalige Fütterung kleiner Mengen eines Futterbreis aus Beefsteakhack, Schmelzflocken und rohem, geriebenem Apfel mit 1 bis 2 Kohlekompretten erreicht werden. Wenn ein Durchfall in zwei bis drei Tagen nicht deutlich gebessert wird oder von Fieber begleitet ist, muß der Hund in tierärztliche Behandlung. *Erbrechen* ist keine selbständige Krankheit, sondern kann verschiedene Ursachen haben. Gelegentliches Erbrechen ist beim Hund ohne große Bedeutung. Bei Fieber sowie regelmäßig wiederkehrendem oder heftigem Brechreiz können Infektionen, Vergiftungen oder schwerere Verdauungsstörungen vorliegen, die tierärztlich unterschieden und behandelt werden müssen.

Scheinschwangerschaft

Bei der »Scheinschwangerschaft« bilden sich manche Hündinnen etwa acht Wochen nach der Läufigkeit ein, Welpen zu haben: Sie werden unruhig, »bemuttern« irgendwelche Gegenstände, und in das Gesäuge schießt Milch ein. Abhilfe schaffen meist wenig Fressen und Trinken bei viel Bewegung und Beschäftigung. Zusätzlich kann das Gesäuge mehrmals täglich mit kaltem Wasser befeuchtet werden, um Schwellung und Milchproduktion zu hemmen. Keineswegs sollte Milch ausgedrückt werden, um die Milchbildung nicht anzuregen. Die genannten Maßnahmen sollten schon beim ersten Auftreten der Erscheinungen ergriffen werden und müssen dann in etwa zwei Wochen zum Erfolg führen.

Hautverletzungen

Bei kleineren, oberflächlichen Verletzungen braucht man zunächst nichts zu unternehmen, muß jedoch die Wundheilung täglich kontrollieren. Wenn der Hund die Wunde in Maßen beleckt, wird bald nichts mehr zu sehen sein. Viele Hunde belecken ihre Wunden jedoch so heftig, daß die Heilung durch die rauhe Zungenoberfläche behindert wird. Aus einer kleinen Verletzung kann so eine ausgedehnte Hautentzündung werden. Wenn also in der Umgebung zunächst nicht behandelter Verletzungen Rötungen auftreten oder wenn die Haare durch die Wundabsonderungen verklebt sind, muß eingegriffen werden: Mit einer gebogenen Schere werden die Haare kurz abgeschnitten. Anschließend wird die Wunde nach alter Art mit Jodtinktur betupft oder mit einem Wundgel bestrichen. Puder bildet mit dem Wundsekret Krusten, welche die Heilung beeinträchtigen; Puder soll daher nicht zur Wundbehandlung verwendet werden. Bei schweren Verletzungen mit Durchtrennung der Haut oder bei großflächigen Abschürfungen sollte umgehend tierärztlicher Rat eingeholt werden. Bei Beißereien oder Stacheldrahtverletzungen wird häufig die Haut vom Körper abgerissen, so daß tiefe Taschen entstehen. Ein Abwarten verbietet sich in diesen Fällen, weil eine etwa erforderliche Wundnaht innerhalb der ersten Stunden nach der Verletzung angelegt werden muß.

Schwellungen, Prellungen, Verstauchungen

Bei Schwellungen, Prellungen und Verstauchungen kann als erste Hilfe das Fell des betroffenen Körperteiles mit kaltem Wasser durchnäßt werden. Man erreicht so die Wirkung eines Kühlverbandes, hemmt weitere Schwellungen und Spannungen und lindert den Schmerz, so daß in leichteren Fällen tierärztliche Hilfe entbehrlich werden kann. Bei *Unfällen* können Gliedmaßen mit stark blutenden Wunden vorübergehend abgebunden werden. Gehirnerschütterungen und innere Verletzungen können zu Bewußtseinstrübungen führen. Der Hund sollte dann, ebenso wie bei Verdacht auf Knochenbrüche, seitlich mit tiefliegendem Kopf und herausgezogener Zunge auf einer Decke gelagert werden. Die Decke kann als »Tragbahre« benutzt werden und gestattet einen schonenden Transport. Eine gründliche Untersuchung und Hilfe kann nur in der tierärztlichen Praxis gewährt werden.

Vergiftungen

Bei Verdacht auf kurzfristig vorangegangene *Giftaufnahme* sollte durch Einnahme eines gestrichenen Teelöffels Kochsalz Erbrechen ausgelöst werden, ehe weitere Giftstoffe aus dem Verdauungskanal in den Körper gelangen. Milch ist nur bei wenigen Giften angezeigt. Dagegen neutralisieren zerkleinerte, mit Wasser aufgeschwemmte Kohlekompretten verschiedenartige Giftreste. Nähere Anweisungen wird der Tierarzt erteilen, der schnellstens aufzusuchen ist. Die Giftwirkungen treten häufig erst nach Stunden oder Tagen auf. So lange darf man nicht warten, wenn die Aufnahme und vielleicht sogar auch die Art des Giftes bekannt oder wahrscheinlich sind. Eine frühzeitige Behandlung erhöht die Überlebenschancen. Nach der Aufnahme cumarinhaltigen Rattengiftes besteht zum Beispiel kaum noch Hoffnung, wenn die Vergiftungsfolgen, nämlich Blutungen, erst einmal eingetreten sind.

Hundekrankheiten — Gefahr für die menschliche Gesundheit?

Einige *Infektionskrankheiten* können vom Hund auf Menschen übertragen werden. Die gefährlichste ist die *Tollwut:* Bei einer Bißverletzung durch ein tollwütiges Tier besteht für den Menschen auch bei umgehender Impfung

Gefall' ich dir? »Caro vom Silberstern«.

Lebensgefahr. Bei Hunden tritt Tollwut allerdings nur noch selten auf. Die Seuche hat sich aus den Städten (Hunde und Katzen) mehr in die Wälder (Wild) verlagert, wo in erster Linie Füchse die Tollwut übertragen. Bei Hundetollwut besteht wegen des engen Kontaktes jedoch für den Menschen eine erheblich größere Ansteckungsgefahr als bei Wildtollwut. Hunde können vorbeugend gegen Tollwut schutzgeimpft werden. Die *Impfungen* müssen je nach Impfstoff in ein- bis zweijährigem Abstand wiederholt werden, damit die Hunde einen belastungsfähigen Impfschutz behalten und weder erkranken noch den Erreger übertragen können. Nach einem Kontakt mit tollwutkranken Tieren kann für geimpfte Hunde anstelle der sonst gesetzlich vorgeschriebenen Tötung ausnahmsweise eine Quarantäne gestattet werden. Tollwutimpfungen sind für viele Auslandsreisen und manche Hundeausstellungen vorgeschrieben. Die modernen Impfstoffe sind für Hunde außerordentlich gut verträglich. Es besteht also kein Anlaß, auf die beschriebenen Vorteile und insbesondere auf den Schutz des Menschen vor unnötigen Ansteckungsgefahren zu verzichten.

Während Staupe und ansteckende Leberentzündung für Menschen ungefährlich sind, können *Leptospiren* durch Hunde übertragen werden und beim Menschen entweder das »Canicola-Fieber« (beim Hund Stuttgarter Hundeseuche) oder die »Weil'sche Krankheit« hervorrufen. Jährliche Impfungen schalten eine weitere Infektionsquelle für die Familie aus.

Für die Übertragung der *Toxoplasmose,* einer besonders für schwangere Frauen gefährlichen Infektionskrankheit, wurde der Hund früher zu Unrecht verantwortlich gemacht. Toxoplasmen sind einzellige Schmarotzer, deren spezifischer Wirt die Katze ist. Sie scheidet den Erreger aus, der dann entweder bei mangelhafter Hygiene vom Menschen direkt oder aber von anderen Tieren aufgenommen wird. Im Fleisch dieser Tiere bilden sich Dauerformen, die ebenfalls ansteckungsfähig sind. Hauptansteckungsquelle für den Menschen ist rohes Schweinefleisch. Der Hund ist nach diesen neueren wissenschaftlichen Erkenntnissen wie der Mensch Opfer, nicht aber Überträger der Toxoplasmose.

Pilzinfektionen der Haut können auf den Menschen übergehen. Bei schlecht heilenden oder sich ausbreitenden Ekzemen ist daher auf größtmögliche Hygiene zu achten und eine eingehende tierärztliche Untersuchung zu veranlassen. *Räude* wird durch Milben hervorgerufen, die sich zwar auf bestimmte Tierarten wie den Hund spezialisiert haben, jedoch auch beim Menschen plötzlich auftretende, juckende Hautrötungen verursachen können. *Eitererreger* bei Ekzemen, Furunkeln, Vorhautentzündungen, Zahnvereiterungen oder Mandelentzündungen können auch beim Menschen Eiterungen verursachen. Betreffende Krankheiten müssen daher bei Beachtung häuslicher Allgemeinhygiene sachgerecht behandelt werden.

Auch bestimmte *Darmbakterien* wie Salmonellen können beim Menschen wie beim Hund zu Durchfällen führen. Bei länger dauernden, trotz gezielter

Behandlung nicht ausheilenden Durchfällen sollte eine Kotuntersuchung Aufschluß über etwa vorliegende Keime geben.

Spulwürmer sind auf bestimmte Wirte spezialisiert. Unter unhygienischen Verhältnissen vom Menschen aufgenommene Hundespulwürmer können sich in dem für sie fremden Wirt nicht normal entwickeln. Die Wurmlarven bleiben in Organen oder Muskeln stecken und lösen Entzündungen und Schmerzen aus. Besonders gefährdet sind verständlicherweise Kleinkinder. Das Risiko wird durch regelmäßige Wurmkuren bei Junghunden und durch Hygienemaßnahmen erheblich eingeschränkt. Von den *Bandwürmern* ist nur der bei uns äußerst seltene »dreigliedrige« für den Menschen gefährlich. Wenn der Stuhl von Zeit zu Zeit wie mit Grieß bestreut aussieht, ist Vorsicht geboten. Kotuntersuchung und Behandlungsversuch sollten umgehend veranlaßt werden.

Zur mehrfach angesprochenen *Allgemeinhygiene* gehören eigenes, sauberes Hundelager, gesonderte Freßnäpfe, Verhindern des Ableckens von Händen und Gesicht, Händewaschen, Beseitigung von Hundekot und kein Mißbrauch von Kinderspielplätzen als Hundeabort. Zusätzliche Sicherheit gewährt eine regelmäßige *Desinfektion* des Lagers und anderer neuralgischer Stellen. Zumindest in den genannten Verdachts- und Erkrankungsfällen sollte auf diese Sicherheit nicht verzichtet werden. Bei der Auswahl geeigneter Mittel, die Virusarten, Bakterien und Pilze abtöten sollen, verläßt man sich am besten auf den Rat des Tierarztes oder Apothekers. Gegen die dickschaligen Wurmeier wirken nur wenige, speziell für die Nutztierhaltung entwickelte Mittel, die durch besondere Zusätze die Schalen auflösen. Wo solche Mittel nicht zur Verfügung stehen, kann eine Scheuerdesinfektion mit heißer Sodalösung durchgeführt werden. Gegen Ektoparasiten müssen spezielle Insektenvertilgungsmittel eingesetzt werden. Jeder Desinfektion muß eine gründliche Reinigung vorausgehen.

Durch Vorbeuge und Vorsicht lassen sich also Gefahren abwenden, denn »Gefahr erkannt — Gefahr gebannt«. Diese Erkenntnis gestattet einen ungetrübten Genuß der mannigfaltigen Freuden, die mit der Hundehaltung verbunden sind.

Der alte Pudel

Wann der Alterungsprozeß bei einem Pudel einsetzt, kann man nicht voraussagen; der eine hält sich länger frisch, der andere weniger. Bedingt wird eine Alterung dadurch, daß die Körperfunktionen merklich nachlassen. Das Haar beginnt, dünner zu werden. Auf der Haut bilden sich Alterswarzen. Das Auge fängt an, sich zu trüben. Die Lebendigkeit weicht einer zunehmenden Trägheit. Unser Pudel neigt zu Fettansatz. Da müssen wir aufpassen und seine Futtermenge verringern. Auch der Darm funktioniert nicht mehr so gut. Jetzt darf der Pudel keinen Knochen mehr bekommen, damit es nicht zu einer Knochenkotverstopfung kommen kann. Wir füttern weich gekochtes Fleisch und kleingeschnittene grüne Pansen. Die Spaziergänge werden kürzer.
Unseren alternden Hund stellen wir dem Tierarzt vor. Auch in der Tiermedizin gibt es heute schon Präparate, die das Altern verzögern. Vielleicht sind solche Medikamente für unseren Pudel geeignet. Die Todesursache der meisten Hunde ist nicht Altersschwäche, sondern die Folge veralteter Leiden oder Krankheiten. Zeigt unser Pudel eine so schlechte Allgemeinverfassung, daß ihm das Leben zur Qual wird oder verursacht sein altes Leiden oder eine Krankheit einen Verfall, der nicht aufzuhalten ist, dann sollten wir unserem Hund die letzte Hilfe leisten und ihn durch den Tierarzt einschläfern lassen.

Anschriften, die Sie kennen sollten

Die Dachorganisation in der Bundesrepublik Deutschland, die mit den ihr angeschlossenen Rassehunde-Zuchtverbänden als Vollmitglied der Internationalen Weltdachorganisation, der Fédération Cynologique Internationale (F.C.I.) angehört, ist der

Verband für das Deutsche Hundewesen e. V. (VDH)
— Hauptgeschäftsstelle —
Mallinckrodtstraße 26, 4600 Dortmund 1

Dem VDH und damit der F.C.I. sind folgende Pudelklubs der Bundesrepublik Deutschland angeschlossen:
Deutscher Pudel-Klub e. V. (DPK)
— Hauptgeschäftsstelle —
Kattunbleiche 35, 2000 Hamburg 70
und
Verband der Pudelfreunde Deutschland e. V. (VDP)
— Hauptgeschäftsstelle —
Obere Lindenstraße 8, 2055 Wohltorf bei Hamburg

Diese Verbände geben in allen Fragen, die den Pudel betreffen, gern Auskunft und weisen auch die Anschriften der örtlichen Gruppen nach.

Fachausdrücke

Behang	Ohren
Fang	Schnauze
Kruppe	Rückenende
Kryptorchide	Einhoder
Kynologie	Wissenschaft von den Hunden
Lefzen	Lippen
Lösen	Geschäftverrichten eines Hundes
Molar	hinterer Backenzahn
Monorchide	hodenloser Rüde
Nanismus	Verzwergung
Prämolar	vorderer Backenzahn
Ramsnase	aufgewölbter Nasenrücken
Rute	Schwanz
Schweiß	Blut, Blutspur
Sternum	Brustbein
Toy-Pudel	Bezeichnung für Zwergpudel in der englischen Sprache
Widerrist	Rückenfortsatz des Halses
Wolfskralle	Daumenkralle am Hinterfuß
Wurf	Sammelbezeichnung für alle gleichzeitig geborenen Welpen einer Hündin

Dankeschön

für die freundliche Unterstützung, »Historisches« über den Pudel in dieses Buch aufnehmen zu können, den Damen:

Dipl.-Ing. Irmgard Arnold, 2000 Hamburg
Dr. Barbara Lauck, 7800 Freiburg

Literatur- und Quellennachweis

Hüther, Claudius:	Der Deutsche Pudel, 1907
Klever, Ulrich:	Keysers Hundebrevier, 1960
Lockwood, Barbara, and Sheldon, Margaret:	Poodle Guide, 1968
Jeancourt-Calignani, Madeleine:	Les Caniches e leur élevage, 1972
Fiorone, Fiorenzo:	Il Barbone, 1976

Die deutsche Übersetzung des Standard 172 B aus dem Französischen von Annerose Nagel

Bildnachweis

Titelbild:	Rolf Hinz, 2000 Wedel
Seite 15	Waltraud Steen, 2400 Lübeck
Seite 16, 17, 29, 32, 41, 58	Susanne Leschinsky, 2381 Süderfahrenstedt
Seite 21, 22, 23, 26, 27	Claudia Nagel, 2000 Hamburg
Seite 38	Jürgen Wentorp, 2110 Buchholz/Nordheide
Seite 42	Kurt Kühne (»Bild«-Zeitung), 7600 Offenburg
Seite 53, 83	Sigrid Kalina, 5241 Niederdreisbach
Seite 64	Ursula Thiel, 7811 St. Peter
Seite 71	Dr. Klaus Michel, 5060 Bergisch Gladbach 2
Seite 91	Heinz Schwonberg, 2000 Hamburg
Seite 25, 30, 35, 37, 48, 50, 59, 67, 72, 76	Annerose Nagel, 2000 Hamburg